Familie Sievers/Durchholz

Naturverbunden erfolgreich

Nett-Worken im Einklang mit Boden, Pflanze, Tier und Mensch

Als Inhaber von REKRU-TIER ist es meine Berufung und Leidenschaft, Menschen als Persönlichkeiten zu fördern, zu coachen und ihnen alle notwendigen Handwerkszeuge zur Verfügung zu stellen, die erfolgreiche Berater und Führungskräfte im Direktvertrieb und im Network-Marketing für ihren beruflichen Erfolg benötigen. Meine Aufgabe ist es, Menschen zu ermutigen, die volle Verantwortung für ihr Geschäft zu übernehmen, als Verkäufer durchweg im Sinne der Interessenten und Kunden zu agieren und insbesondere beim Team- und Geschäftsaufbau als vorbildhafte Führungskräfte zu agieren.

Ich kenne Erika und Wilfried seit langer Zeit. Sie leben diese Werte seit mehr als 15 Jahren und haben gemeinsam mit ihren Teampartnern tausende Menschen inspiriert und dabei unterstützt, ihre finanzielle und berufliche Zukunft nicht dem Zufall zu überlassen, sondern proaktiv, vorausschauend und eigenverantwortlich Alternativen zum bestehenden Lebens- und Einkommenskonzept zu schaffen. Als Mentoren haben sie viele Partner innerhalb ihrer Organisation zu nachhaltigem unternehmerischem Erfolg geführt und genießen uneingeschränkte Achtung auch über die Grenzen des eigenen Netzwerks hinaus.

Wenn Du das Glück hast, ihr Buch in den Händen zu halten, so mach Dir ihren Erfahrungsschatz zu Nutze. Ich bin mir absolut sicher, dass es Dich auf Deinem Erfolgsweg unterstützen wird.

Maximale Erfolge wünscht Dir
Tobias Schlosser

Ich bewundere Wilfried für seinen Mut, einen langjährigen und gut dotierten Führungsjob als Ingenieur in einem Architekturbüro von heute auf morgen zu kündigen. Das muss einer erst leisten. Mit Herzblut und felsenfester Überzeugung hat Wilfried den Neustart in einer ihm völlig fremden Branche gewagt.

Wilfried und Erika haben auf dem Weg zum Erfolg einige Höhen und Tiefen durchlebt. Aber immer siegte der Glaube für eine gute Sache. Ethisch, moralisch Nutzen zu stiften, dafür haben die beiden einiges auf die Beine gestellt. Dafür sind sie auch gegen Wände gelaufen. Die Überzeugung hat gesiegt.

Wilfried und Erika zeigen, was es heißt, den Glauben und eine Vision zu haben. Erika war der kreative Kopf im Hintergrund meines Wirtschaftstrainerteams, bis sie ebenfalls in das Unternehmen ihres Mannes eingestiegen ist.

Lieber Oliver, Wilfried und liebe Erika, ich freue mich über unsere Freundschaft und Euren Erfolg. Und ein bisschen stolz bin ich, dass einer meiner Freunde an der Geburtsstunde Eures Unternehmens beteiligt ist 😉. Es geht nichts über ein gutes Netzwerk.

Eure Marion Lange

Bibliografische Information der Deutschen Nationalbibliothek:
Die Deutsche Nationalbibliothek verzeichnet diese Publikation in der Deutschen Nationalbibliografie; detaillierte bibliografische Daten sind im Internet abrufbar über http://dnb.d-nb.de

ISBN 978-3-96566-001-4

Impressum
Verlag: REKRU-TIER GmbH, München

Inhalt

Prolog

„Sind Sie mir böse, wenn ich Ihren Hund zum Essen einlade?" Diese Frage mag absonderlich erscheinen, ist in ihrer Absurdität aber der Grund dafür, dass wir uns heute weder Sorgen um unsere Zukunft noch um unsere Finanzen machen müssen. Wir, das sind Wilfried und Erika, ein bodenständiges, wenn auch eigenwilliges Paar mit einer Vorliebe für die außergewöhnlichen Wege zum Glücklichsein.

Wilfried:
„Du müsstest ein Buch schreiben", höre ich oft von Menschen, die uns nahe stehen und von Kollegen/innen. Mein Vater kommt aus dem „Verlagswesen" und meine Kindheit ohne vorkonstruiertes Spielzeug hat mich zu ausufernder Phantasie angeregt, Erika schreibt gerne ... Also, was tun? Wir konnten es uns vorstellen, und damit war der erste Schritt bereits getan. Denn was man sich vorstellen kann, kann Wirklichkeit werden. Das Projekt begann eines Tages mit einer Anfrage von außen. Ein noch junger Verlag klopfte an und interessierte sich für unsere Geschichte. Immerhin waren wir mittlerweile keine Unbekannten mehr in unserer Branche.

Wenn man über die Gegenwart und die Zukunft schreiben will, sollte man am besten in der Vergangenheit beginnen. Das war die Zeit, als die Dinge noch ihren üblichen Weg zu gehen schienen, als noch alles nach dem normalen Leben zweier normaler Menschen in einem normalen Umfeld aussah. Doch dann geriet alles durcheinander – fast alles. Und das war der Beginn unserer Erfolgsgeschichte.

Kapitel 1
Es hätte alles normal werden können

Trisomie 21 und das Idol mit der Nobelkarosse

Erika:
Ich war ein Zweimonatskind. So ist die inoffizielle Bezeichnung, wenn ein neuer Erdenbürger ohne Vorankündigung das Licht der Welt erblickt. Zumindest beträgt bei dieser speziellen Gattung die Vorbereitungszeit für die werdenden Eltern nicht mehr als die eben genannten zwei Monate, was nicht zwingend zur Freude der Eltern, noch viel weniger zu Jubelschreien der eigenen Großeltern führte. Ein kinderlos gebliebener Großonkel väterlicherseits war in die Jahre gekommen, und so übernahm unsere Familie dessen heruntergewirtschafteten Bauernhof. Mein Vater, Landwirt und -schlachter, Universaltalent für alles, was mit den Händen zu reparieren und neu zu erschaffen war, baute den Hof Stück für Stück wieder auf. Meine Kindheit und meine Jugend waren geprägt durch die ländliche Umgebung, Tierhaltung, Landwirtschaft, das obligatorische Plumpsklo im Garten und ein Leben inmitten der Natur. Der Bauer ging noch mit einem Eimer in den Stall, wenn er Kühe melken wollte, nicht wie heute in Jeans und Oberhemd an den Computer. Aus heutiger Sicht würde ich sagen, ich bin auf einem Museumsbauernhof aufgewachsen. Mangels Fernsehen gab es oft Verwandtenbesuche. Wir Kinder saßen nach dem Essen im blauen Salon bei den Männern, die Pfeife und Zigarre rauchten und spannende Dorf- und

Kriegsgeschichten erzählten. Blauer Salon hieß er deshalb, weil ausnahmslos alle rauchten. Unser Kommunikationszentrum war der Milchbock, die Bauern stellten auf ihm ihre Milchkannen zur Abholung für den Milchwagen bereit. Diese Einflüsse prägen einen Menschen, bestimmen seine zukünftige Einstellung zu Fragen der Ökologie, des menschlichen Miteinanders und der Umwelt. In meiner Kindheit gab es weder Computer noch Mobiltelefone. Aber selbst wenn, dann hätten wir uns die Zeit trotzdem mit „Verliebt-Verlobt-Verheiratet", „Völkerball" und „Tick op'n Putt" (Verstecken) vertrieben, wenn wir nicht gerade im Stall, auf dem Feld und bei der häuslichen Arbeit helfen mussten.

Nachdem ich die Schulzeit locker und ohne Ehrgeiz überstanden hatte, wechselte ich nach meiner Ausbildung in den öffentlichen Dienst. Meine Anstellung als Schreibkraft beim Staatshochbauamt spülte zum ersten Mal ein regelmäßiges und nicht zu unterschätzendes Einkommen in meine Taschen und die Aussicht auf eine ruhige, sichere Zukunft breitete sich in mir aus. Auch privat fügte sich mein Leben in ein gängiges Muster ein. Ich heiratete und wurde schwanger. Scheinbar handelt es sich um eine familiäre Tradition, dass es auch uns überraschend traf. So wurde Olli geboren, ein Viermonatskind. Die Ärzte überführten meinen Sohn direkt nach der Entbindung in ein Hamburger Krankenhaus und niemand brachte den Mut auf, mir zu sagen, dass Oliver ein Baby mit Trisomie 21 war. Was heute kaum vorstellbar ist, war zur damaligen Zeit (wir sprechen vom Beginn der achtziger Jahre) nichts Ungewöhnliches, denn Offenheit und fortschrittliches Denken waren in dieser Zeit noch untergeordnete Werte. Die Jahre vergingen, schöne Jahre mit meiner kleinen Familie, mit vielen Freunden in unserem beschaulichen 300-Seelen-Dorf, wo jeder jeden kannte und alle plattdeutsch sprachen. Ich war Mutter eines außergewöhnlichen Kindes, hatte einen sicheren Job in der Behörde, eine Atze-Schröder-Dauerwelle, immer gute Laune, das Mädel, das immer lacht, vom Amtsleiter „der Sonnenschein des Amtes" genannt. Ich hatte mich eingerichtet auf ein bequemes Landleben mit einem festen Behördenjob in der Kleinstadt. Aber scheinbar hatte das Schicksal mit mir doch seine ganz eigenen Pläne, denn es entwickelte sich nach und nach in eine Richtung, die ich ganz und gar nicht hätte vorhersehen können. Da war dieser Arbeitskollege, Wilfried. „Tausend Mal berührt, tausend Mal ist nix passiert …", wie Klaus Lage singt, „und dann hat es Zoom gemacht."

Wilfried:

Cuxhaven – der Nabel der Welt. Cuxhaven – Tor zur Nordsee. Cuxhaven – die Stadt, in der ich geboren wurde und aufwuchs. Ich hatte sechs Geschwister, von denen vier jünger und zwei älter waren als ich. Meine Eltern, Flüchtlinge aus Ostpreußen, Vater „Plattenverleger", Mutter Chefin eines gut gehenden Getränkehandels (Außer-Haus-Verkauf von Brause und Bier), hätten gegensätzlicher kaum sein können. War meine Mutter ein verständnisvoller, ruhiger Mensch, so neigte mein Vater, ein kräftiger Betonbauer hin und wieder dazu, seine Meinung mit Nachdruck durchzusetzen. Sein Tag begann morgens um drei, denn das Betonwerk nahm keine Rücksicht auf arbeitnehmerfreundliche Einsatzzeiten. Im Laufe meiner Kindheit entwickelte ich einige Verteidigungsmechanismen gegen die Durchsetzungskraft meines Vaters, wobei ich als erstes lernte, mich schnellstmöglich aus der Gefahrenzone zu bringen. Wahrscheinlich sorgte dieses intensive Training dafür, dass ich in späteren Jahren ein pfeilschneller Stürmer im örtlichen Fußballverein wurde. Mein Mannschaftskamerad Hartmut und ich waren die Torfabrik von Cuxhaven-Altenbruch. Es hat eben alles auch eine gute Seite.

Ich muss vielleicht neun Jahre alt gewesen sein, als ich ein Schlüsselerlebnis hatte, von dem die involvierte Person höchstwahrscheinlich gar nichts mitbekam. Ich erinnere mich, dass mir damals immer wieder ein Mann auffiel. Von der ersten Sekunde an zog er mich wie magisch in seinen Bann. Ich kannte ihn nicht und mit an Sicherheit grenzender Wahrscheinlichkeit hat er bis heute keine Vorstellung davon, wie sehr er mein Leben beeinflusst hat. Zuerst war es sein Wagen, der meine Aufmerksamkeit erregt hatte. Ich erinnere mich, wie das Chrom im Sonnenlicht blitzte und die Kurven seiner Limousine ästhetisch ineinanderflossen. Wenn dieser Kerl aus seinem Fahrzeug stieg, hafteten die faszinierten Blicke eines Dreikäsehochs an jeder seiner Bewegungen. Er war immer auffallend gut gekleidet und stach aus der Menge der anderen Erwachsenen hervor. Oft wurde er begleitet von wunderschönen Damen, die für mich allesamt in die oberste Kategorie der Göttinnen gehörten. Auch sie waren perfekt angezogen, aber das mussten sie auch sein, um mit meinem Idol Umgang pflegen zu dürfen.

Ich stellte Nachforschungen an, fragte überall nach, um zu erfahren, wie er es geschafft hatte, so zu werden, wie er war. Schließlich fand ich heraus, dass er Architekt war. Architekt, dachte ich mir, das ist genau das, was ich später auch werde. Vor meinem geistigen Auge sah ich mich in einer Nobelkarosse, eine Hand am Lenkrad, die andere auf dem Knie einer schönen Unbekannten, deren schmachtender Blick auf mir ruht.

Aber wie es so mit den Träumen ist, so werden diese von dem eigenen Umfeld nur zu gerne als das abgetan, was sie sind: Träume. „Das schaffst Du nie", war der einhellige Tenor meiner Familie und meiner Freunde. Trotzdem hing ich über viele, viele Jahre diesem Wunsch nach. Um es vorwegzunehmen, ich wurde nie Architekt. Trotzdem habe ich es sowohl zu dem einen oder anderen schönen Flitzer wie auch zu der zu mir passenden Frau gebracht. Nur eben auf einem anderen Weg.

Die Schulzeit verbrachte ich ohne nennenswerte Höchstleistungen, was auch damit in Zusammenhang stand, dass mich mein ausgeprägter Freiheitssinn eher in die Natur drängte. Da standen die Lehrer, die Schule und die regelmäßigen Unterrichtsstunden nur im Weg. Abwechslung versprachen da die Saisonarbeiten, bei denen ein potenziell zukünftiger Architekt, wie ich einer war, sein Taschengeld aufbessern konnte. So verzog ich die Rüben auf den Feldern und wurde dafür in meiner damaligen Wahrnehmung fürstlich mit 30 bis 50 Pfennig pro Stunde entlohnt und konnte als positiven Nebeneffekt verbuchen, dass ich für diese Arbeit auch noch vom Konfirmandenunterricht befreit wurde. Trotzdem wuchs in mir die Erkenntnis, dass man mit dem Verziehen von Rüben nicht reich werden konnte. Ich wechselte die Branche und stieg ins Verlagswesen ein. Genauer gesagt begann ich damit, Zeitungen auszutragen. Dieser Karrieresprung spülte zumindest so viel Geld in meine Kasse, dass ich mir einen echten Rennlenker für mein Fahrrad leisten konnte und auch noch ein paar Mark für den Flipperautomaten übrig hatte, was für einen heranwachsenden Teenager einen Quantensprung in der Freizeitgestaltung bedeutete.

Irgendwann endet jedes Dilemma, so auch meine Schulzeit. Ich lernte nun wirklich harte Arbeit kennen, denn es verschlug mich für mehrere Jahre auf eine Werft, bis ich schließlich zur Bundeswehr einberufen wurde. Nachdem ich all diese Erfahrungen mein Eigen nennen durfte, wurde es endlich Zeit, meiner wahren Berufung zu folgen: Ich wollte nach wie vor Architekt werden! Die Politik hatte gerade den zweiten Bildungsweg beschlossen. Ich machte mein Abitur innerhalb von zwei Jahren nach und begann zu studieren. Während dieser Zeit entwickelte sich mein ökologisches Gewissen, ich hinterfragte inzwischen die Dinge, die um uns herum geschahen. Vor allem Atomkraftwerke widersprachen meiner Vorstellung von einer Umwelt, in der ich einmal leben wollte. Ich schloss mein Studium als Diplomingenieur für Betriebs- und Versorgungstechnik mit dem Schwerpunkt „Umweltschutz und Umweltrecht" ab. Das war in den Siebzigern, einer Zeit, als sich Greenpeace gerade erst gründete und ich mit meinen Interessen noch weitestgehend alleine dastand.

Meine Weltverbesserungsideen wurden schließlich von einem weniger ideologischen Ereignis in den Hintergrund gedrängt: Ich war verheiratet und wurde Vater eines Jungen. Plötzlich hatte ich Verantwortung zu tragen, nicht nur für mich, sondern für meine kleine Familie. Inzwischen arbeitete ich in fester Anstellung und musste feststellen, dass es nicht meiner Vorstellung vom Vatersein entsprach, mein Kind nur schlafend zu sehen. Morgens, wenn ich die Wohnung verließ, schlief er. Kam ich abends erschöpft nach Hause, dann schlief er. Und so wechselte ich in den Staatsdienst, wo ich lange Jahre tätig war. Alles war wieder in geordneten Bahnen – bis ich auf eine Kollegin traf, die Erika hieß.

Es muss nicht alles einfach sein

Die aufregende Reise unseres gemeinsamen Lebens begann direkt nach unserem Kennenlernen. Wir arbeiteten gemeinsam in einer Behörde und merkten irgendwann, wie aus Kollegialität Gefühle erwuchsen, wie aus Freundschaft Liebe wurde. Aber, wie es in solchen Fällen häufig der Fall ist, es verlief nicht alles reibungslos. Während Wilfried mit seiner Familie in einem Mietshaus lebte, besaß Erika bereits ein eigenes Haus, in dem sie mit ihrem Mann und ihrem inzwischen sechsjährigen Sohn Olli wohnte. Nach der Trennung von den Ehepartnern zogen Olli und Erika zu Wilfried.

Du kannst Dir sicherlich vorstellen, dass es für Wilfried eine große Umstellung bedeutete, von einem Tag auf den anderen in einem Haushalt mit einem Familienmitglied zu leben, das ein Handicap aufwies, welches ihn ein Leben lang begleiten würde. Die Situation wurde umso mehr verstärkt, als dass die beiden Jungs, die zwar im gleichen Alter, charakterlich sehr unterschiedlich waren. Wilfrieds Sohn war lebhaft, sprudelte vor Lebenslust und besaß die Fähigkeit, seine Umwelt recht lautstark von seiner Anwesenheit Notiz nehmen zu lassen. Olli dagegen war ruhig und sensibel. Menschen mit Trisomie 21 sind sehr gefühlsbetont, bei Olli schien diese Charaktereigenschaft ganz besonders stark ausgeprägt zu sein.

Zu unserer Überraschung harmonierten die Jungs und spielten sehr gern zusammen, wenn Wilfrieds Sohn auf Papa-Wochenende zu Besuch war. Das machte es uns verhältnismäßig einfach und warf einige vorher gehegte Befürchtungen über Bord. Wilfried benötigte für die „Eingewöhnungsphase" etwas länger, wurde aber letztendlich zu dem nicht-biologischen Vater für Olli, der ihn nur zu gern als Zweitvater akzeptierte.

So, da standen wir nun, eine etwas ungewöhnliche Patchworkfamilie mitten auf dem Land. Nach einigen Jahren des Zusammenlebens in einem gemieteten Wohnhaus kauften wir uns ein abbruchreifes Haus auf einem großzügigen Grundstück und bauten es zehn Jahre lang um. Schwer vorstellbar, dass dies der Ausgangspunkt einer gemeinschaftlichen Karriere und eines außergewöhnlichen Lebens sein könnte. Aber genau das war es. Damals hatten wir nichts von dem geplant, was wir heute erreicht haben. Und wenn wir jetzt zurückblicken, dann ist doch alles so passiert, wie es der Fluss des Lebens scheinbar für uns vorgesehen hatte.

Am Anfang war das Café

Erika:
Olli war 30 Jahre alt, als ein Zufall unsere gesamte Zukunft beeinflusste. Eine Freundin lud mich ein, gemeinsam mit ihr ein Café zu besuchen. Es war ein Ort, in dem gehandicapte Menschen arbeiteten – direkt neben einer Behindertenwerkstatt. Gerade weil Olli gerne in der Werkstatt für Behinderte in Stade tätig war, betrachtete ich derlei Institutionen mit erhöhter Aufmerksamkeit. Das Café wirkte sehr freundlich und die Angestellten vermittelten offensichtlich den Eindruck, dass es ihnen ganz besonders viel Spaß machte, hier zu arbeiten. Das wäre auch etwas für meinen Olli, dachte ich mir. Kurzentschlossen erkundigte ich mich bei einigen Insidern nach eventuellen Möglichkeiten, und zu meiner Freude bekam ich die Zusage, dass Olli ein Praktikum in dem Café absolvieren dürfe.

Ich traute meinem Sohn viel zu, kannte seine Vorlieben für bestimmte Arbeiten und sein Verlangen, stets und ständig einer Beschäftigung nachzugehen. Oft beobachtete ich, wie er im Haus oder im Garten umherlief und Dinge ausfindig machen wollte, die repariert werden müssten. Unser ganz persönlicher Hausmeister! Auch wusste ich, dass Olli sich nach einer gewissen Anfangsphase an neue Umgebungen und veränderte Situationen anpassen konnte. Ich hatte ihn bei meinen vorherigen Anstellungen oft mit auf meine Arbeitsstelle genommen, wo er von den Kollegen und Kolleginnen schnell akzeptiert und gemocht wurde. Also kannte er die Situation, sich auf neue Orte und neue

Anforderungen einstellen zu müssen. Er absolvierte das Praktikum mit Bravour und wurde fest ins Team integriert. Dies war eine wunderbare Nachricht, sowohl für ihn als auch für uns. Mit Feuereifer ging er ans Werk und wurde schnell einer der beliebtesten Mitarbeiter des Cafés.

Leider zeigte sich, dass die ausgesprochene Freundlichkeit der Leiterin ihren unterentwickelten Geschäftssinn überdeckte. Das Café, das aufgrund seiner hohen Besucherzahl durchaus hätte Gewinn erwirtschaften können, schrieb rote Zahlen – mehr noch, es raste geradewegs auf eine wirtschaftliche Totalpleite zu. Ich, die immer schon unternehmerisch dachte, nahm dies sehenden Auges wahr, ohne unterstützend eingreifen zu können. Es ging nicht nur um Olli, es ging um diese wunderschöne Einrichtung, die vielen Menschen Halt und Hoffnung gab. So versuchte ich zu helfen, beriet die verantwortlichen Personen, doch ich musste feststellen, dass das Interesse an einem weitergehenden Betrieb des Cafés überraschenderweise ausgesprochen gering war. Wie war das noch mit dem aussichtslosen Kampf gegen Windmühlen …?

Ich entschloss mich, mit den mir zur Verfügung stehenden Mitteln für einen Verbleib des Cafés zu kämpfen. Doch wie kann man die eigene Überzeugung zu einer Sache von vielen machen? Wie kann man Menschen motivieren, einem zu folgen, für das gleiche Ziel zu kämpfen und für das Richtige einzutreten? Ich sprach mit unseren Verwandten, Bekannten und allen Freunden. Es war nicht schwer, sie zu überzeugen, denn jeder verstand, wie wichtig eine solche Einrichtung (nicht nur) für gehandicapte Menschen war. Und meine Bekannten erzählten es wiederum ihrer Familie und ihren Freunden. Die Menge wuchs an. Die Menge von Menschen, die sich an unsere Seite stellten. Der Ruf wurde lauter, der Ruf danach, dass diese Institution nicht geschlossen werden darf. Eine Bekannte unterstützte mich, das Thema auch über soziale Medien zu platzieren. Es war eine neue Erfahrung für mich, etwas vollkommen Überraschendes, welchen Einfluss diese Medien auf Menschen haben können. Plötzlich erreichten uns Zuschriften aus allen Landesteilen und darüber hinaus. Wir alle traten dafür ein, dass es weiterhin diesen Platz für behinderte Menschen geben sollte. Selbst die Politik war inzwischen darauf aufmerksam geworden. Und mit ihr die Medien. Ich gab Interviews für verschiedene Radiostationen und Fernsehsender. Und Olli wurde in dieser Zeit zu einer kleinen Berühmtheit, denn sein Gesicht stand plötzlich für die Rechte der Behinderten.

Doch unser Kampf sollte keine Früchte tragen. Das Lebenshilfe-Café wurde geschlossen und für meinen Sohn und andere Menschen mit Handicap somit ein Stück Heimat genommen. Trotzdem kann ich im Nachhinein sagen, dass ich alles richtig gemacht hatte. Ja, ich habe verloren, aber ich hatte gekämpft. Und allein dies gab mir das Gefühl, etwas Gutes getan zu haben, denn ich hatte für meine Überzeugung gestritten. Was sich damals wie eine schmerzliche Niederlage anfühlte, war die Grundlage für die Entwicklung unseres Lebenstraumes.

Die drohende Schließung des Cafés brachte aber noch ein weiteres Learning mit sich, das in späteren Zeiten immens wichtig für unsere Familie und unsere Arbeit werden sollte: die Macht der

Netzwerke. Hätte ich mit meinem damaligen Wissensstand und ausschließlich mit den mir bekannten Mitteln versucht, etwas zu bewegen, so wäre dies wohl ungesehen und ungehört im Sand verlaufen. Zwar kenne ich einige Menschen, die ich nach und nach hätte von meiner Sache überzeugen können, aber eine breite Öffentlichkeit zu erreichen wäre mir mit an Sicherheit grenzender Wahrscheinlichkeit nicht gelungen. Durch die Nutzung der sozialen Medien kam jedoch eine Lawine ins Rollen, immer mehr Menschen interessierten sich für die Vorgänge und schlossen sich uns an. Und sie erzählten ihren Freunden davon, die wiederum ihre Bekanntenkreise in Kenntnis setzten. Ich war ebenso überwältigt von den Reaktionen wie auch von der Eigendynamik, die ein Netzwerk entwickeln kann. Es sollte eine Lehre sein, die mir später sehr dabei helfen würde, erfolgreich zu werden.

Die Sache mit dem Geld

Das Erlebnis mit der Schließung des Cafés gab den Anstoß, dass wir begannen, uns intensiv Gedanken über die Zukunft unserer Familie zu machen. Fragen hatten sich aufgedrängt. Fragen wie: Was wird aus Olli, wenn wir einmal nicht mehr sind? Wie können wir uns davor schützen, Opfer von Fehlentscheidungen anderer Menschen zu werden? Wie können wir selbst unsere Zukunft bestimmen? Wie können wir die Abhängigkeit von anderen minimieren?

Je mehr wir darüber sprachen, umso deutlicher prägte sich ein gemeinsames Bild, wie unsere Zukunft aussehen sollte. Wir malten uns einen Platz im Grünen, in einem größeren Haus mit einem noch viel größeren Grundstück aus, inmitten der Natur. Es sollte ein Ort sein, an dem wir gemeinsam leben und ein eigenes Café mit Hofladen betreiben würden. Wir, das sollten Olli, wir beide und andere Menschen sein, die zu uns passen und die die gleiche Vorstellung von Glück teilen. Wir nannten unsere Vision die Mehr-Generationen-Lebensinsel, ein Ort des Zusammenlebens und der gegenseitigen Unterstützung. So würden wir für uns selbst unsere „Alters-Oase" ebenso erschaffen wie auch einen Platz, an dem Olli sich wohlfühlen und mit vollem Einsatz seiner geliebten Arbeit nachgehen kann. Es sollte auch ein Ort für andere Menschen sein, die diesen Traum leben wollen und die sich später, wenn wir zu alt sein würden oder das Zeitliche gesegnet haben, mit viel Herz um Olli und seine Bedürfnisse kümmern sollen.

Manche mögen solche Träume als reine Hirngespinste betrachten und uns mitleidig belächeln. Okay, wir verstehen das. Es ist schließlich ungewöhnlich, sich in der heutigen Zeit, in der alles digitaler und globaler wird, eine Insel im Grünen zu erträumen. Aber wir wollten das und waren davon überzeugt, dass man jeden Traum Wirklichkeit werden lassen kann.

Eine Frage, die sich solchen Überlegungen unwillkürlich anschließt, ist die nach dem lieben Geld. Leider wachsen die Scheinchen nicht an Bäumen, sondern müssen erst einmal verdient werden. Wilfried, langsam akzeptierend, dass er kein Architekt mehr werden würde, arbeitete damals (wir sprechen von den achtziger Jahren) als leitender Angestellter in einem Architekturbüro. Erika wechselte gern ihr Arbeitsverhältnis, wenn ihr langweilig wurde. Zwei Angestellte, die sich eine goldene Zukunft erträumten ... Ein Widerspruch in sich!

Wir fragten uns, wie es andere schaffen, viel Geld zu verdienen und dabei sogar noch so aussehen, als würden sie wenig oder gar nicht arbeiten? Was machten sie anders als wir, die mit vollem Herzblut, Einsatz und der ganzen uns zur Verfügung stehenden Arbeitskraft jeden Tag unserer Tätigkeit nachgingen und dies zumeist auch mit voller Überzeugung taten? Wir wollten unser Einkommen vergrößern, ja, wir sprachen sogar davon, es zu verdoppeln. Aber wie sollte das möglich sein? Wenn es da einen bekannten Weg geben würde, dann würde ihn doch schließlich jeder gehen. Und hier liegt der Irrtum! Es gibt diese Wege, nur viele Menschen kennen sie nicht oder fürchten sie, denn sie wähnen sich in ihrem Angestelltenverhältnis in trügerischer Sicherheit.

Wie kannst Du Dein momentanes Gehalt verdoppeln?

Vorweg sei schon einmal gesagt:
Es ist möglich, sogar auf mehreren Wegen.

Nehmen wir einmal an, Du verdienst zur Zeit ein Gehalt von 2.500 Euro (dies ist nur ein exemplarischer Wert) pro Monat. Wofür erhältst Du dieses Geld? Im Prinzip ist es so, dass Du Deine

Zeit und Deine Arbeitskraft Deinem Arbeitgeber zur Verfügung stellst. Du tauschst also Zeit gegen Geld. Willst Du unter diesen Voraussetzungen Dein Gehalt verdoppeln, so kommen Dir vielleicht Gedanken in den Kopf wie: „Ich rede mit meinem Vorgesetzten und überzeuge ihn, dass ich das doppelte Gehalt wert bin." Nun wollen wir Dir an dieser Stelle nicht den Mut nehmen, aber dieses Unterfangen wird höchstwahrscheinlich zu keinem Erfolg führen, mehr noch, es ist anzunehmen, dass Deine Nachfrage lediglich die Belustigung eben jenes Vorgesetzten hervorrufen wird. Der Grund dafür ist einleuchtend: Eine Verdopplung des Gehaltes ist in betrieblichen Kalkulationen einfach nicht vorgesehen!

Nun bist Du aber ein Mensch, der von seinen Kompetenzen und seinen Fähigkeiten zurecht überzeugt ist. Insofern kannst Du den Entschluss fassen, Dich fort- und weiterzubilden, ja vielleicht sogar ein Studium zu beginnen. Dahinter steht das Wissen, dass qualifizierte Mitarbeiter eben auch mehr verdienen. Du triffst die Entscheidung, Dich an einer Universität oder einer Abendschule einzutragen und kannst Dich nach fünf bis sieben Jahren zu Recht über einen Abschluss freuen. Dein Arbeitgeber bescheinigt Dir, dass Du Dich um Deine Karriere wirklich außerordentlich bemühst. Er honoriert das – wenn Du Glück hast, sogar mit einer Gehaltserhöhung von 10-15 Prozent. Irgendwie ging der Plan doch nicht wirklich auf, denn nun hast Du für all Dein Engagement gerade einmal 300 Euro mehr erhalten. Nach Abzug der Steuern bleibt davon etwas mehr als die Hälfte. War der ganze Aufwand das wirklich wert?

Wer nicht bereit ist, so viele Jahre seines Lebens mit zusätzlichem Lernen und Weiterbildung zu verbringen, der kann die einfachere

Methode wählen: warten! Lange warten! Im Durchschnitt dauert es 20 bis 25 Jahre, bis sich ein Gehalt verdoppelt hat. Das ist doch prima, magst Du Dir jetzt vielleicht denken. Einfach nur weitermachen und der Rest geht ganz automatisch. Leider muss man in diesem Fall mit einbeziehen, dass die Geduld, die Du ein Vierteljahrhundert lang aufgebracht hast, unterm Strich gar nicht so sehr belohnt wird, wie Du es Dir ausgemalt hast. Leider ist es so, dass in diesem Zeitraum unser Geld an Kaufkraft verliert. Die Inflation sorgt dafür, dass Du für Dein Geld, das Du Dir geduldig ausgesessen hast, nicht mehr bekommst. Ja, wahrscheinlich sogar weniger. Also entscheidest Du Dich, dass auch dieser Weg nicht der ist, den Du für die Verdopplung Deines Gehaltes gehen wirst.

Bei den vielen Gedankenspielen um dieses Thema mag es sein, dass Dir noch ein dritter Weg in den Kopf kommt, den Du schon bei anderen Personen in Deinem berufsmäßigen Umfeld gesehen hast. Nennen wir diese Variante einmal „Ich krieche meinen Vorgesetzten in den A****". Diese Methode ist leider des Öfteren anzutreffen und zeichnet sich dadurch aus, dass man bei jeder sich bietenden Gelegenheit die Kollegen mit der Intention mobbt, sie aus dem Weg zu räumen. Gleichzeitig wird diese Strategie dadurch gekennzeichnet, dass man gerne an den Stühlen anderer Mitarbeiter sägt. Gepaart mit dem Schlechtreden derer Arbeitsleistung ergibt sich so eine hochexplosive und wenig erfolgversprechende Mischung. Auch die Hoffnung, dass der eine oder andere Vorgesetzte durch diese Vorgehensweise Deinen besonderen Wert erkennt, ist mehr als vage. Insofern können wir Dir nur wärmstens ans Herz legen, die Gedanken an diese Maßnahme erst gar nicht weiter reifen zu lassen.

So weit, so schlecht. Noch immer keine Lösung in Sicht, wie Du Dein jetziges Gehalt verdoppeln kannst. Na ja, zumindest bist Du wahrscheinlich zu der gewinnbringenden Erkenntnis gelangt, dass dies im Angestelltenverhältnis irgendwo zwischen „schwer" und „unmöglich" liegt. Also was kannst Du noch tun? Dir ist bewusst, dass Du nicht auf den Kopf gefallen bist. Immerhin liest Du dieses Buch, was Dir hoffentlich Wege und Strategien in ein glückliches und finanziell freies Leben bietet. Das zeigt doch schon, dass Du für Dein Glück arbeiten willst. Apropos, das könnte die Lösung sein: die eigene Arbeitskraft wirklich angemessen bezahlt zu bekommen. Natürlich, der Weg in die Selbstständigkeit ist die Lösung aller Probleme. Und die Antwort auf unser Rätsel! Zu dieser Überzeugung bist Du jetzt gekommen.

Vorweg sei erst einmal gesagt, dass Du Dich auf dem richtigen Weg befindest. Aber schauen wir erst einmal gemeinsam auf das, was Dich bei diesem Arbeits- und Lebenskonstrukt erwarten wird: Als Grundlage für Deine Selbstständigkeit dienen Dir Deine Erfahrungen und Kenntnisse. Du kannst genug, um endlich für Dich selbst an den Start gehen zu können. Schon jetzt kommt es Dir komisch vor, dass Du über so viele Jahre irgendeinem Firmenboss seinen Sportwagen und sein sorgenfreies Leben finanziert hast, ohne dabei an Dich selbst zu denken. Aber das ist jetzt vorbei! Ab sofort tauschst Du nicht mehr Deine Zeit gegen Geld, nein, Du gibst Dir selbst einen Job.

Gesagt, getan. Du legst los wie die Feuerwehr, wirst getragen von Deiner Euphorie, die neue Aufgabe und die Aussicht auf mehr Einkommen. Und, nicht überraschend bei Deinem Einsatz, die Aufträge vermehren sich und Deine Einnahmen steigen. Natürlich arbeitest Du mehr als früher, aber dies ist ja nur ein Zeichen, dass Deine Selbstständigkeit gut funktioniert. Du bist jetzt Du selbst, und das ständig. Natürlich gilt es, bestimmte Abstriche zu machen. Urlaube sind in den ersten Jahren nicht drin und ein regelmäßiger Acht-Stunden-Job, wie Du ihn vorher hattest, ist es ebenfalls nicht. Aber wen interessiert das schon? Du hast es inzwischen wirklich geschafft, Dein Gehalt zu verdoppeln. Hurra, die Lösung des Rätsels ist gefunden! Aber doch nicht so ganz.

Früher oder später tritt ein Effekt ein, über den Du Dir zuvor gar keine Gedanken gemacht hast. Selbstständige sind einem ständigen Druck ausgesetzt und neue Fragen haben sich in Deinem Kopf eingenistet, die Du als Angestellter nicht kanntest. Du machst Dir Sorgen darüber, ob Deine Auftragslage weiterhin so gut bleibt, wie sie es zum jetzigen Zeitpunkt ist. Kannst Du noch immer stolz auf Dein doppeltes Einkommen sein, wenn Dein größter Auftraggeber sich plötzlich gegen Dich entscheidet? Wie hart wird die Steuer zuschlagen, wenn Du erst einmal ein ansprechendes Einkommen erzielst? Was passiert, wenn Du längerfristig krank wirst oder sogar komplett ausfällst? Wie lange ist Deine Existenz dann noch gesichert? Eigentlich, so denkst Du Dir, ist Dein jetziges Einkommen für all diese mentale Belastung immer noch zu gering. Ja, auch dieses Gehalt müsste noch einmal verdoppelt werden!

Genau jetzt steuerst Du auf eine neue Erkenntnis zu, die sich beinahe jedem Selbstständigen früher oder später offenbart: Ein Tag hat nur 24 Stunden und die Woche besteht nur aus sieben Tagen. Hört sich trivial an, nicht wahr? Ebenso trivial wie die Feststellung, dass Du für eine weitere Verdopplung Deines Einkommens eben auch die doppelte Anzahl an Arbeit leisten musst. Dies steht oftmals im Widerspruch zu der Zeit, die Dir zur Verfügung steht. Und dabei sind wir noch nicht einmal darauf eingegangen, was während einer Selbstständigkeit zusätzlich noch alles anfällt. Kundengewinnung, Marketing, Vertrieb, Buchhaltung – all dies sind Dinge, die notwendig sind, um weiterhin in der Selbstständigkeit erfolgreich sein zu können. Aber Du willst Dich trotzdem durchbeißen!

In diesem Moment trittst Du noch einmal auf das Gaspedal und rast immer schneller auf eine Mauer zu, die Dich abrupt stoppen wird. Es ist die Wand Deiner Belastbarkeit. Körperlich und/oder seelisch droht der Zusammenbruch. Ein solches Pensum kann man nicht täglich über lange Zeit absolvieren. Deine Gesundheit wird Dich stoppen und auf die Burn-out-Therapeuten kommt jede Menge Arbeit zu. Spätestens dann merkst Du, dass die Einkommensmöglichkeiten bei selbstständiger Arbeit zwar gut, aber begrenzt sind. In Relation zu den gesundheitlichen Risiken gilt es sehr genau abzuwägen.

Aber auch dieses Gedankenspiel bringt uns der Lösung näher. Was hättest Du machen können, um gar nicht erst in den Strudel der Überarbeitung zu geraten? Vielleicht wäre es gut gewesen, Dir zu einem früheren Zeitpunkt Unterstützung zu holen. Immerhin hätte Deine Arbeit ganz bestimmt für mehr Personen als nur für Dich selbst ausgereicht. Drehen wir die Uhr also noch einmal zurück.

Du freust Dich über volle Auftragsbücher und die Anzahl Deiner Kunden nimmt stetig zu. An diesem Punkt denkst Du Dir, dass Du eine weitere Person beschäftigen könntest. Ja, wenn Du Dich noch ein wenig mehr um die Akquisition kümmerst, dann reicht es sogar für einen zweiten Mitarbeiter. Du stehst direkt an der Schwelle zum Unternehmertum. Doch was tut ein Unternehmer eigentlich? Er tauscht nicht Zeit gegen Geld – also folgt er nicht dem Modell eines Angestellten. Gut so! Im Prinzip vervielfältigt der Unternehmer die eigene Arbeitskraft, indem er Mitarbeiter einstellt. Somit partizipiert er an deren Arbeitskraft und an deren Zeit. Hoppla, das kommt Dir doch bekannt vor. Genauso warst Du doch auch schon einmal beschäftigt, nur umgekehrt. Das war in Deiner Zeit als Angestellter und der Chef dieses Unternehmens hatte dieses Prinzip angewandt, um sich durch Euch, die Angestellten, sein Bankkonto füllen zu lassen.

In der reinen Theorie steigern sich der Umsatz und das Einkommen eines Unternehmers oft in dem Maße, in dem die Anzahl seiner Angestellten wächst. Das lässt sich daher erklären, dass der Mehrwert der Arbeit aller Angestellten eines Betriebes den unternehmerischen Gewinn darstellt. Eine einfache Rechnung, könnte man meinen. Wie so oft zeigt sich die Realität doch ein wenig komplizierter. Nicht jeder ist dazu geschaffen, Unternehmer zu werden. Voraussetzungen wie zum Beispiel Risikobereitschaft, die richtige Geschäftsidee, Grundkapital und darüber hinaus noch eine Menge Mut sollten gegeben sein, um sich als Unternehmer etwas Großes aufzubauen. Darüber hinaus besteht natürlich auch die Gefahr des Scheiterns, die gerade in der heutigen Zeit nicht einfach von der Hand zu weisen ist. Gerade ein Unternehmer ist dazu verdammt, genügend Aufträge zu generieren und sein Unternehmen bestmöglich zu leiten, um seiner sozialen Verantwortung nachzukommen.

Man sollte nicht vergessen, wie viele Existenzen davon abhängen, dass er sein Unternehmen wirtschaftlich und menschlich korrekt leitet.

Haben wir uns schon wieder verrannt? Versuchen wir gerade eine Nuss zu knacken, die aus Titan gefertigt wurde? Nein, keine Angst, wir sind fast am Ziel. Also, es geht darum, etwas zu finden, bei dem man alle Freiheiten hat, über die sowohl Selbstständige als auch Unternehmer verfügen. Es gibt einen Weg, bei dem man so viele Menschen einstellen kann, wie man es für richtig erachtet. An deren Arbeitsleistung kann man partizipieren, ohne das Risiko eines hohen finanziellen Einsatzes oder die Verantwortung eines klassischen Unternehmers tragen zu müssen. Es ist ein Geschäftsmodell, das wir als nahezu perfekt bezeichnen würden.

Es ist ein faires Geschäft, wenn alle verdienen, vom Hersteller bis zum Verkäufer und wenn ich, der ich den Kunden gewonnen habe, an jeder(!) Warenlieferung partizipiere. Als Angestellter endet dieses Geschäft spätestens mit dem Ende des Arbeitsvertrages. Das Unternehmen hat weiterhin seinen Nutzen. Wir können von Glück sagen, dass wir dieses Modell gefunden haben, oder besser gesagt, dass es uns gefunden hat. Es ist das Modell des Unternehmers im Unternehmen. Dabei geht es darum, andere Menschen dafür zu begeistern, diesem Modell ebenfalls zu folgen und Partner zu werden. Partner, das klingt doch gut. Oder ist das nur wieder eine dieser neudeutschen Wortspielereien, hinter der sich ein wenig partnerschaftliches Modell befindet, welches nur dem Ziel dient, hohe Gewinne zu erzielen? Nein, bestimmt nicht. Du wirst im Verlaufe Deiner Lektüre erkennen, wie angenehm und freundschaftlich man kooperieren kann, wenn man an gemeinschaftlichen Zielen arbeitet, die letztendlich alle Beteiligten zum Erfolg führen.

Erika:
Auch ich habe dieses Modell anfangs mit einer Mischung aus Skepsis und Faszination betrachtet. Kann es denn so leicht sein, erfolgreich zu werden? Wenn ja, dann würden das doch alle befolgen. Wilfried dagegen hatte bereits Feuer gefangen, nachdem er das erste Mal in Kontakt mit diesem Ding namens Network-Marketing gekommen war. Während ich meinen Zweifeln freien Raum zur Entfaltung ließ, rechnete er uns reich, sodass er nachts kaum noch schlafen konnte, denn der Weg zum Erfolg schien so nah zu sein. Aber, so viel sei vorweggenommen, so einfach wurde es dann doch nicht.

Wilfried ging als Erster diesen Schritt in das Abenteuer einer vollkommen neuen beruflichen Herausforderung. Er startete bei einem Unternehmen, das Tierfutter vertrieb. Zugegeben, viel mehr als diesen Fakt und die fixe Idee, dass er mit diesem Job reich werden würde, hatte er damals nicht. Außerdem hörte sich der Verkauf von Tierfutter zugegebenermaßen nicht wirklich sexy an. Zu allem Überfluss hatten wir weder Haustiere noch Erfahrung im Direktvertrieb. Warum sollten wir also Tiernahrung verkaufen? Letztendlich aber riss seine Begeisterung auch mich mit und seine allem zugrundeliegende Theorie klang auch recht überzeugend: „Tiere müssen immer fressen. Und deswegen kann und werde ich viel Umsatz machen!" Und so begab er sich frisch ans Werk, mit Vollgas Richtung Reichtum!

Wilfried:
Ich startete enthusiastisch, war bis in die Zehenspitzen motiviert. Wir hatten uns im Internet informiert und kamen zu dem Schluss, dass die Ernährungssituation von Hunden und Katzen bestenfalls suboptimal war. Deshalb erschien es uns sinnvoll, eine wirklich gute Tiernahrung zu vermarkten. Zwar war ich davon überzeugt, schnell erfolgreich zu werden, verspürte aber dennoch einen gewissen Druck. Immerhin hatte ich meine sichere Anstellung aufgegeben und auch Erikas Zweifel waren mir nicht verborgen geblieben. Aber ich hatte es vor- und zurück kalkuliert, es würde funktionieren. Mein Bauchgefühl sagte mir, dass sich hier für alle Beteiligten ein Mehrwert ergeben würde.

Ich startete als Unternehmer im Unternehmen. Man stellte mir alles zur Verfügung, was ich für meine Arbeit benötigte: Werbematerialien, Promo-Produkte und Hundefutter-Know How. Alles, was ich noch zu tun hatte, war, aus der riesigen Menge der Herrchen und Frauchen diejenigen herauszufinden, die unser Futter ihrem geliebten Vierbeiner vorsetzen wollten. Auf geht`s, Wilfried, die Millionen warten schon!

Im Laufe der ersten Monate stellte sich heraus, dass es doch wesentlich schwieriger war, Tierbesitzer von ihren angestammten Gewohnheiten abzubringen, als ich es vermutet hatte. Bedauerlicherweise zeigte sich in dieser Zeit auch, dass das Unternehmen, auf das ich all meine Hoffnung gesetzt hatte, in vielen Punkten mehr Schein als Sein war. So bestachen zwar die Werbebroschüren durch imposante Hochglanzoptik, wogegen die Zuverlässigkeit meines damaligen Partnerunternehmens sich doch eher als glanzlos herausstellte.

Kurz gesagt: Ich war ebenso weit von meinem errechneten Reichtum entfernt wie von meinem ursprünglichen Vorhaben, ein erfolgreicher Architekt in einer Luxuskarosse zu werden. Scheinbar hatte ich mich vollkommen verrannt. Aber genau in diesem Moment der Erkenntnis öffnete sich die nächste Tür. Erika und ich sind überzeugt, dass das Leben einen in die richtige Richtung treibt. All unsere Erlebnisse und Erfahrungen sind verschlungene Nebenflüsse, die uns zum großen Strom tragen, der zum Glücklichsein führt. Das Einzige, was man tun muss, ist schwimmen (und sehr häufig führt der Weg auch gegen die Strömung).

Erfolgsformel

Um an Dein Ziel zu gelangen, musst Du zuerst auf verzweigten Nebenflüssen schwimmen. Vertraue darauf, dass sie Dich dorthin führen, wo Du ankommen willst. Zweifel und Gedanken ans Aufgeben lassen Dich ertrinken, bevor Du das Ziel erreicht hast.

Bevor ich nun in eine spirituelle Richtung abgleite, komme ich zurück zum Wesentlichen: dem Beginn des Erfolges!

Kapitel 2
Der Beginn des Erfolges

Wilfried:
Ich hatte inzwischen Gefallen an der eigenständigen Planung meines Tagesablaufes gefunden. Morgens durch den verstopften Elbtunnel nach Hamburg ins Büro und abends retour aufs Land zu fahren, war für mich unvorstellbar geworden und verschwendete zu viel meiner Lebenszeit. Dafür arbeitete ich lieber sonntags und dann, wenn ich Lust dazu hatte und wenn es sinnvoll war. Darüber hinaus mochte ich die Materie, Tierfutter, über die ich inzwischen so einiges gelernt hatte. Ich muss zugeben, dass ich in den Jahren zuvor nie viel über Tiere nachgedacht hatte, von meinen praktischen Erfahrungen mit Hunden als Zeitungszusteller auf einsamen Bauernhöfen mal ganz abgesehen. Sie waren um mich herum, die Hunde mit ihren Besitzern und die Pferde mit ihren Reitern. Dass ich selbst einmal in diesem Bereich tätig sein würde, hätte ich nicht gedacht. Umso mehr Freude bereitete es mir, all die Menschen kennenlernen zu dürfen, die ihre Zeit und ihre Liebe den Vierbeinern widmeten. Ich lernte, dass Tierbesitzer beinahe ausnahmslos nette und mitfühlende Personen waren – und dass ihr Tier oder ihre Tiere ihnen dies auf ihre Art dankten.

Es ergab sich nun die Möglichkeit, die gleiche Tätigkeit in einem anderen, neueren und wie sich herausstellen sollte, zukunftsträchtigeren Unternehmen der Branche weiterzuführen. Dieses Unternehmen war „auf der anderen Seite der Welt" beheimatet – nämlich im Allgäu. Diesmal wollte ich von Beginn an alles richtig machen (damals hatte ich keine Ahnung, dass ich noch nichts über das wusste, was wirklichen Erfolg in dieser Branche herbeiführt).

Das erste, was ich tat, war, die Vertriebs- und Schulungsunterlagen meines potenziell neuen Partnerunternehmens unter die Lupe zu nehmen. Es gab dort wenig Anschauungsmaterial. Besser gesagt, es gab eigentlich so gut wie gar nichts. Statt einer Hochglanzbroschüre fiel mir nur ein schlichter blauer Schnellhefter in die Hände. Statt großer Worte gab es vollkommenes Understatement. Das gefiel mir, zumal das neue Unternehmen trotz aller Unzulänglichkeiten im Marketing-Bereich scheinbar aus vollstem Herzen hinter seinen hervorragenden Produkten stand. Ich merkte, dass man hier Dinge entwickeln konnte. Nein, man musste Dinge entwickeln, denn wo ein solch hervorragendes Produkt war, wäre es reine Verschwendung, wenn dies nicht einer breiten Öffentlichkeit präsentiert werden würde. Ich fühlte mich bereit dafür, nicht ahnend, dass ich derjenige sein würde, der noch unendlich viel lernen musste.

Privat waren wir an einem Punkt angelangt, an dem unser Leben von Fragezeichen dominiert wurde. Hatte ich auf das falsche Pferd gesetzt? Ich glaubte trotz der gemachten Erfahrungen noch immer daran, dass dieses neue Arbeitsmodell funktionieren würde. Würden unsere Freunde irgendwann nachvollziehen können, warum ich meine scheinbar sichere Anstellung gegen den Handel mit Tiernahrung eingetauscht hatte? Meine früheren Kommilitonen machten sich inzwischen ernsthafte Sorgen. Ich hatte doch immerhin studiert und war Ingenieur geworden.

Würde unser Traum von der Mehr-Generationen-Lebensinsel immer nur ein Traum bleiben?

Eines sei vorweggenommen: Beinahe alle Vorstellungen sollten in Erfüllung gehen, bis auf eine. Und diese betrifft einige wenige Menschen, die uns sehr am Herzen liegen. Selbst in unserer aufgeklärten Zeit ist es ihnen noch nicht gelungen, ihre Skepsis gegenüber unserer Tätigkeit vollends abzulegen – obwohl sie sehen, wie glücklich und erfolgreich wir damit sind. Vielleicht hilft unser Buch bei der Erklärung, warum Network-Marketing das perfekte Lebens- und Arbeitsmodell für uns ist. Network was?

Network-Marketing – alles eine reine Frage der Logik

Denke bitte für einen Moment zurück an Deinen letzten Einkauf im Supermarkt. Sicherlich hast Du dort auch einige Produkte erworben, die Dir zuvor durch Werbung schmackhaft gemacht worden waren.

Fragst Du Dich, welche Reise diese Artikel bereits hinter sich haben, bevor sie den Weg in Deinen Einkaufswagen gefunden haben? Um diese Frage zu beantworten, muss man beim Hersteller (eigentlich sogar bei dessen Lieferanten) beginnen. Dieser will selbstverständlich möglichst viele seiner Erzeugnisse verkaufen.

Hierfür nutzt er Zwischenhändler, die wiederum in Kontakt mit diversen Supermarktketten stehen. Parallel läuft bereits die mächtige Marketing-Maschinerie, die den jeweiligen Artikel nach allen Regeln der Kunst anpreist und ihn dem Verbraucher, also auch Dir, nach dem Motto „Höher, Schneller, Weiter" schmackhaft macht. Die Marketing-Agenturen sind besetzt mit ausgesprochen gut bezahlten Spezialisten, die wissen, wie sie die zukünftigen Käufer visuell und psychologisch überzeugen können. Und so strahlen uns hochmoderne Fernsehgeräte, leistungsstarke Mikrowellen, angesagte Sportschuhe, kalorienarme Margarinen, verführerische Parfüms … von Plakaten entgegen, verfolgen uns im Internet, begegnen uns im Radio oder unterbrechen in der Werbepause unseren Lieblingsfilm. Die Artikel werden von diversen Logistikunternehmen gelagert, aufgeteilt und an die verschiedenen Geschäfte ausgeliefert.

Sowohl die Hersteller als auch die Zwischenhändler, Logistiker und Marketing-Agenturen gehören zu den vielen Parteien, die mit einem Artikel Geld verdient haben, bevor Du dafür den endgültigen Preis bezahlst. Auch wenn man sich das natürlich nicht bei jedem Kauf bewusst macht, bildet dies schon immer den Hintergrund unseres Einkaufsverhaltens. Wäre es nicht schön, wenn der Großteil des gesamten Kostenapparates hinter einem Produkt einfach übergangen werden könnte? Sicherlich stimmst Du uns zu und bist damit schon auf direktem Weg, Network-Marketing als das zu verstehen, was es ist: eine sinnvolle und moderne Art, ein Produkt vom Erzeuger zum Konsumenten zu bewegen.

Doch schauen wir noch etwas genauer hin: Hinter dem Wort „Network" steht ein uraltes menschliches Verhaltensmuster.

Schon in antiken Zeiten trafen sich Menschen auf Märkten. Dort wurden nicht nur Waren angeboten, sondern man erfuhr Nachrichten und tauschte Neuigkeiten aus. Es gehörte zum täglichen Leben, Informationen weiterzugeben, zu erhalten und sie zu verarbeiten. Und auch in dieser weit entfernten Zeit war man sich der Vorteile bewusst, die ein eigenes Netz von Verbindungen haben konnte, da dies einem sowohl privat als auch beruflich immer wieder nützlich sein konnte. Allerdings erschwerten in der damaligen Zeit zwei Komponenten diesen Informationsaustausch: Zum einen waren es weite, beschwerliche Wege, die Menschen zurücklegen mussten, um neue Informationen aus einem abgelegenen Gebiet erhalten zu können. Zum anderen waren nicht immer die Aktualität und der Wahrheitsgehalt der Nachrichten garantiert, denn wer wusste schon, wie alt die angebliche Neuigkeit inzwischen schon war und durch wie viele weitererzählende Münder sie ihren eigenen, ganz neuen Inhalt erhalten hatte?

In der heutigen, digitalen Welt ist alles viel schneller geworden. Informationen kann man ohne Zeitverlust erhalten, weitergeben und fast an jedem Punkt dieser Erde empfangen. So haben wir die Möglichkeit, mit vielen Menschen in Kontakt zu stehen und ihnen das zu vermitteln, was wir Ihnen sagen wollen. Wir bauen unsere Netzwerke auf und aus, interagieren in diesen, nutzen sie sowohl privat als auch geschäftlich. So befinden wir uns noch immer auf dem antiken Markt früherer Zeiten, nutzen jedoch die moderne Technik, um mit vielen Menschen in Kontakt zu bleiben und Informationen zu verbreiten. Auch wir haben diesen technischen Segen erst einmal verstehen müssen, bevor wir ihn letztendlich auch gewinnbringend nutzen konnten.

Dieses Prinzip bildet den Hintergrund von Network-Marketing. Übrigens gibt es hierfür noch einige andere Namen, wie zum Beispiel Netzwerk-Marketing, Empfehlungs-Marketing oder auch Multi-Level-Marketing (MLM). All diese Bezeichnungen kennzeichnen eine besondere Form des Direktvertriebs. Und dieser Direktvertrieb bietet die Antwort darauf, wie man die vielen kostspieligen Zwischenschritte eines Produktverkaufes elegant umgehen kann. Network-Marketing bedient sich dem Prinzip der Logik und der Einfachheit. Produkte werden vom Hersteller/Vertreiber über ihre Berater direkt dem Kunden vorgestellt. Somit entfallen alle Kosten des Marketings und auch ein Großteil des mächtigen Logistikapparates. Kauft ein Kunde ein Produkt, so erhält er es in der Regel direkt vom Vertreiber. Klingt sinnvoll und modern? Ja, das tut es. Und genau das ist auch der Grund, warum große Vertriebskonzerne Network-Marketing fürchten. Sie haben erkannt, wie logisch das System aufgebaut ist und welche Vorteile es bietet. Und sie haben auch schon längst gemerkt, wie sehr ihr althergebrachtes Vertriebssystem aus der Mode geraten ist.

Aber Network-Marketing bietet noch mehr – und genau das ist der Grund, warum wir heute unser Leben als glücklich und erfüllt bezeichnen. Im Gegensatz zum klassischen Vertrieb sind wir und unser Modell offen dafür, unsere Kunden mittel- und langfristig als selbstständige Vertriebspartner zu gewinnen. Wenn es soweit ist, dass diese ihre ersten eigenen Umsätze generieren, werden wir ebenfalls daran beteiligt. So ist eine klassische Win-Win-Situation geschaffen, von der alle profitieren: unsere neuen Partner, die Kunden und wir.

Nun ist es allerdings in der heutigen Zeit noch immer traurige Realität, dass es trotz der logischen, einfachen und sinnvollen Natur von Network-Marketing genügend Skeptiker gibt. Immerhin folgt die Wirtschaft seit Jahrzehnten einem eingespielten System und verteidigt dies auch vehement. Trotzdem setzt sich immer mehr das Verständnis durch, dass man Empfehlungen von Bekannten oder aus seinem eigenen Netzwerk eher folgt als den anonymen Werbetafeln der großen Konzerne. Network-Marketer stehen hinter ihren Produkten und da sie dies tun, können sie auch ihr Netzwerk davon überzeugen, denn hier spüren alle deren echte Begeisterung.

Ein Netzwerk ist eigentlich eine Kontaktliste, die voll mit Personen ist, mit denen man auf die eine oder andere Art verbunden ist. Man erfährt private und berufliche Dinge von ihnen, hört ihnen zu und versucht ihnen zu helfen, wenn es notwendig ist. Hat man selbst etwas Positives zu berichten, so teilt man es mit eben diesem Netzwerk. Und dazu gehören auch die vielen kleinen Geschichten, die man beinahe täglich erleben darf – gerade im Umgang mit netten Menschen und deren geliebten Tieren, sowie mit der Natur.

Erfolgsformel

Deine Devise sollte sein: Tue Gutes und rede darüber.
Wenn Du erfolgreich sein willst, dann lebe und handele
nach diesem Motto, immer und überall,
mit Spaß und mit Niveau.

Kommen wir zu einem weiteren wesentlichen Aspekt des Network-Marketings: Vertrauen! Wenn Menschen Dir vertrauen, vertrauen sie auch Deinen Empfehlungen. Wenn Menschen Dir vertrauen, dann wissen Sie, dass Deine Begeisterung echt ist und Du ihnen nur von Dingen berichtest, von denen Du auch überzeugt bist. Und das setzt, wie bereits zuvor erwähnt, voraus, dass Du wirklich mit ihnen sprichst, ihnen zuhörst und dass Du versuchst, ihnen zu helfen.

Wenn Dir das alles noch zu theoretisch ist, solltest Du Dir ein Bild in den Kopf rufen, das den Unterschied zwischen den herkömmlichen Vertriebswegen und Network-Marketing deutlich aufzeigt. Sehe das Bild des klassischen Handels, bei dem man durch die Erweiterung des Filialnetzes versucht, die gesamte Palette der Produkte recht unpersönlich an immer mehr Endkunden zu verkaufen. Die Gewinnung von Partnern im Network-Marketing gleicht der Vergrößerung eines Filialnetzes – mit dem Unterschied, dass das meiste Geld nicht in teure Marketingunternehmen fließt, sondern als Preisnachlass bei den Kunden, als Provision bei Dir und bei dem Partner verbleibt, der den Verkauf getätigt hat.

Wenn man bedenkt, dass laut Bundesverband Direktvertrieb allein in Deutschland im Jahr 2017 etwa 17 Milliarden Euro in dieser Branche umgesetzt wurden, so wird einem das Potenzial dieser Industrie bewusst. Und es stecken so viele weitere Vorteile darin. „Wohin fahrt Ihr in den Urlaub?", wurden wir alljährlich gefragt. Großes Fragezeichen! Wieso Urlaub? Wir brauchen keinen Urlaub, denn wir arbeiten in der besten Branche, die Leben und Arbeit perfekt und entspannt miteinander verbindet. Für uns wäre kaum noch ein anderes Leben vorstellbar, da wir die Vorteile von Network-Marketing überaus schätzen. Denn welche andere Form der Berufstätigkeit bietet schon folgende Vorteile:

- Du bist Dein eigener Chef!
- Du teilst Dir selbst Deine Zeit ein!
- Du kannst von zu Hause aus arbeiten!
- Network-Marketing ist nicht limitiert, da es vollständig leistungsbezogen funktioniert!
- Du kannst Network-Marketing als Haupt- oder Nebenberuf ausüben!
- Du bist ungebunden, denn Du benötigst keine Angestellten.
- Du stellst Menschen ein, ohne sie bezahlen zu müssen!
- Du hast weder Liefer- noch Lagerkosten!
- Du musst Dir keine Sorgen wegen einer Gebietsbeschränkung machen!
- Du hast die Möglichkeit, mit Deinem Geschäft international zu expandieren!

- Du vereinst drei Berufe in Dir: Verkäufer, Unternehmensberater und Personaler!
- Du bist zeitlich und geographisch frei in Deiner Arbeitsweise!
- Du wirst in diesem Job so viel lernen, wie Du es Dir nicht vorstellen kannst!

Neue Wege gehen

Wilfried:
Ich war an einem Punkt angelangt, an dem es für mich kein Zurück mehr gab. Erika und ich hatten unsere Träume, hatten ein Bild unserer Zukunft und vor allem auch der Zukunft von Olli gemalt und dies zu unserem ausgesprochenen Ziel erklärt. Ich hatte mich in ein Abenteuer gestürzt, meine Festanstellung aufgegeben und gegen etwas getauscht, was mir extrem sinnvoll und erfolgversprechend erschien und mit dem ich unsere Zukunft sichern wollte. Trotzdem hing die Last der Verantwortung wie ein zentnerschwerer Sack auf meinen Schultern. Bis dato zeigten sich meine Erfolge als sehr überschaubar und ich wusste, dass dies nicht nur mich, sondern auch Erika belastete. Trotzdem hielt sie zu mir und sprach mir Mut zu, wann immer es notwendig war.

Ich hatte die Logik von Network-Marketing verstanden – so glaubte ich zumindest. Ebenso hatte ich ausgefallene Ideen, wie man das Futter an den Hund sowie an Herrchen und Frauchen bringen konnte. Da mich schon damals die Idee der freien Zeiteinteilung und einer ebenso freien Arbeitsweise faszinierte, wollte ich unter allen Umständen weiter diesen Weg beschreiten. Hin und wieder, wenn ich in dieser Zeit auf die Vergangenheit zurückblickte, wusste ich auch genau, warum ich nicht mehr in mein altes Leben zurückwollte und -konnte.

Gewiss war meine berufliche Vergangenheit wenig außergewöhnlich. Vielleicht war sie sogar sehr nah an Deiner momentanen Situation und Du kennst die Gefühle und durchlebst ähnliche Ängste, wie ich es in dieser Zeit getan habe.

Angestellt zu sein vermittelt das vordergründige Gefühl der Sicherheit. Aber gibt es sie wirklich, die Sicherheit einer Anstellung? Ist es wirklich sicher, jeden Monat das gleiche Gehalt zu erhalten, egal, ob man viel oder wenig geleistet hat? Dabei gehören Lohndumping und unbezahlte Überstunden heutzutage doch zu vielen Angestelltenverhältnissen wie das Amen in die Kirche. Knapp kalkulierte Urlaubstage, wenig Aussichten auf eine Beförderung, geringe Lohnanpassungen und kein Platz für Selbstverwirklichung zeichnen den Arbeitsalltag eines Angestellten aus, von Urlaubssperren und überraschenden Anrufen während der wohlverdienten Freizeit ganz zu schweigen. Zusätzlich belastet die meisten Arbeitnehmer eine ständig währende Angst, dass sie ihren Arbeitsplatz doch verlieren könnten – für Gründe, die außerhalb ihres eigenen Einflussbereiches liegen. Ja, sogar an die festen Arbeitszeiten haben sich die meisten inzwischen gewöhnt und arbeiten in der Folge nicht so, wie es ihrem persönlichen Biorhythmus entspricht, sondern streng nach den Vorgaben des Arbeitgebers. Nein, das wollte ich nicht mehr.

Work-Life-Balance ist ein wirklich schönes Wort, das Unternehmen gerne in ihre Firmenphilosophie und in ihre Stellenanzeigen einfließen lassen. Für mich war dies schon immer ein Widerspruch in sich, was ausnahmsweise nicht damit zusammenhängt, dass ich gerne gängige Meinungen hinterfrage. Ich war schon immer davon überzeugt, dass ich nicht nach dieser Work-Life-Balance streben sollte. Warum? Für mich fühlte sich Work-Life-Balance immer so an, als ob die Arbeit etwas Schlechtes wäre, was man eben mit genügend „Life" ausgleichen müsste. Mir dagegen stand der Sinn vielmehr danach, die Arbeit und das eigene Leben zu einem glücklichen Eins zu machen und mit eben genau dieser Mischung gut leben zu können. Ich träumte von einer Arbeit, von der ich mich im Urlaub nicht erholen musste. Als ich die ersten Male über die Prinzipien des Network-Marketings las, erschien mir dies (zu Recht) der Weg zu sein, mit dem man eine perfekte Symbiose von Leben und Arbeit erreichen kann. Die vielen Initiativen und Programme der Unternehmen, auch wenn sie gut gemeint sind, tragen nur zur Spaltung von Arbeit und Privatleben bei. Ich überlegte, ob ich mich damit wieder arrangieren wollte und dadurch meiner Familie scheinbare Sicherheit bieten könnte. Nein, das wollte ich nicht mehr.

Burnout, Mobbing, Existenzangst – all dies sind Dinge, die man heute leider häufig auf dem Arbeitsmarkt vorfindet. Ebenso unflexibles Gehalt, wenig Urlaubstage, Konkurrenzkampf, Angst vor dem Verlust des Arbeitsplatzes, Frustration, Aufgabe. Ich wollte und musste einen neuen Weg beschreiten und schon damals war ich mir sicher, dass trotz der fehlenden anfänglichen Erfolge Network-Marketing das geeignete Instrument dafür war. Um mich herum traf ich viele Menschen, die sich über die Entschlossenheit meiner Entscheidung wunderten. Kopfschütteln, Unverständnis und auch Vorwürfe begegneten mir. Da ich zur damaligen Zeit noch keine großen Erfolge vorweisen konnte, hatte ich zwar keine Belege (in Form beeindruckender Kontoauszüge) für die Sinnhaftigkeit meines neuen Weges, aber ich war überzeugt davon, dass ich mich nicht auf einem Holzweg befand. Mir war klar, dass ich erst investieren muss, um Stück für Stück dem Erfolg näher zu kommen.

Erfolgsformel

Folge Deinem Weg und Deiner Persönlichkeit.
Diejenigen, die Dich zuerst belächeln und bekämpfen,
werden die ersten in der Reihe sein, wenn es darum geht,
Dir später zu gratulieren.

Stelle die richtigen Fragen – und Du erhältst die besten Antworten

Wilfried:
Mein damaliger Sponsor (so nennt man den Mentor oder auch den Upline-Partner, der einen ins Network-Geschäft gebracht hat), ein junger Mann Anfang 20, und ich hatten viele Ideen, wie und wo wir potenzielle Kunden finden und ansprechen konnten. Arbeit soll Spaß machen. Und den sollten wir auch haben.

Insbesondere erinnere ich mich in diesem Zusammenhang an ein Erlebnis, das sich für immer und ewig in mein Gedächtnis eingebrannt hat. Nicht weit von unserem damaligen Haus entfernt befand sich ein weitläufiger Park, an dessen Hauptzugang sich vormittags viele Hunde mit ihren Besitzern/innen tummelten. Was bot sich also mehr an, als mit diesen netten Menschen unverbindlich ins Gespräch zu kommen und sie bei dieser Gelegenheit auch über unser Produkt zu informieren? Wir bauten unseren Campingtisch auf, deckten ihn mit Thermoskanne, Tassen, belegten Brötchen und mehreren Dosen Hundefutter.

Scheinbar gaben wir auch für die vorbeiziehenden Hundebesitzer ein sehr interessantes Bild ab. Zumindest kamen wir mit vielen von ihnen schnell ins Gespräch. Auf die meisten mussten wir nicht einmal selbst zugehen, sondern wurden von ihnen angesprochen, denn sie mochten unser außergewöhnliches Picknick.

Irgendwann während dieser Gespräche zog ich dann meine Trumpfkarte heraus. Das Unternehmen, dessen Produkte ich vertrieb, hatte eine sehr sympathische Idee entwickelt: Wir versuchten, „über den Hund ins Haus" zu kommen. Im Klartext bedeutete dies, dass ich das jeweilige Herrchen oder Frauchen freundlich fragte, ob ich das Tier zum Essen einladen dürfe. Wow, das war eine neue und sehr originelle Idee. So dachten auch viele Hundebesitzer. Dummerweise war deren Antwort sehr oft: „Nein!"

Wie konnte das sein? Immerhin waren wir zuvor mit ihnen in einem netten Gespräch verbunden gewesen, ganz unverbindlich, und es hatte in den meisten Fällen auch gegenseitige Sympathie geherrscht. Warum nun diese Ablehnung?

Okay, wir waren mit der Ausbeute an wenigen Jas letztendlich einigermaßen zufrieden. Besser als nichts, und Spaß gemacht hatte die Aktion auf jeden Fall.

Mein Sponsor war unerschütterlich. Fuhren wir zusammen zu einem Termin und entdeckte er unterwegs einen Hund auf dem Fußweg (natürlich mit Besitzer), trat er auf die Bremse, sprang aus dem Auto und lud beide unvermittelt zum Essen ein. Das stellte dieser Sympathieträger so charmant an, dass die Hundebesitzer zwar mehr als verwundert und auch ein bisschen irritiert waren, aber einige trotzdem „Ja" sagten.

Des Öfteren trafen wir uns bei einem Bäcker in Buxtehude (ja, die Stadt gibt es wirklich), frühstückten gemütlich und zogen von dort los, um Hundebesitzer zu kontaktieren. Mit Einladungskarten bewaffnet, machten wir uns auf den Weg. Da Erika noch ihren Halbtagsjob und Olli Betriebsferien hatte, nahmen wir ihn mit und bestellten ihm beim Bäcker grundsätzlich einen Nachschlag. Er ließ es sich gutgehen. Hatten mein Kollege und ich die Umgebung abgegrast, ging es weiter Richtung Stade. Olli lauschte unseren Gesprächen aufmerksam und lernte das Geschäft von der Pike auf. Fortan hörten wir von hinten „Rechts ran", wenn er einen Hund sah, oder „Willi, Arbeit!".

Uns fiel noch so allerlei ein, um an Kontakte und Termine zu kommen. Irgendwann war meine „Lehrzeit" vorbei, und ich arbeitete alleine. Das mit dem Kontaktieren empfand ich als zu wenig ergiebig. Da musste sich etwas ändern. Aber was? Nun, der Grund dafür liegt in der Natur des Menschen. Fast jeder Mensch steht etwas Neuem skeptisch gegenüber. Das war auch Thema auf einem Seminar, das Erika besucht hatte. Wenn ein Tierfreund auf die Frage, ob man seinen Hund zum Essen einladen dürfe, spontan erst einmal mit „Nein" antworten würde, musste man die Frage doch nur anders stellen. Sie musste so formuliert werden, dass aus dem „Nein" ein „Ja" wird. Und damit war dann die Frage: „Sind Sie mir böse, wenn ich Ihren Hund zum Essen einlade?" geboren. Als Antwort erhielten wir hier beinahe ausnahmslos ein „Nein." Und so sollte es ja auch sein.

Erfolgsformel:

Stelle einfach die richtigen Fragen.

Missionieren?
Lass das mal die Priester machen ... Oder Bono von U2!

Nun ist es natürlich nicht so, dass man mit der überlegten Umstellung einer Frage bereits den Weg vom Tellerwäscher zum Millionär geschafft hätte. Im Gegenteil, der Weg zum Erfolg geht nicht bequem auf einer geraden Straße entlang, sondern er gleicht eher einem Hürdenlauf. Aber dieser steckt voller neuer Erkenntnisse, neuer Erfahrungen und vieler Erlebnisse, die einen persönlich bereichern.

Das Unternehmen, in das wir nun zu zweit unsere Energie steckten, Erika war mittlerweile ebenfalls hauptberuflich eingestiegen, hatte hervorragende Produkte aufzuweisen. Der Hintergrund dafür war allerdings eher traurig, denn der Firmengründer würde heute nicht mehr auf dieser wunderschönen Erde weilen, wenn er nicht irgendwann, nachdem er ernsthaft erkrankt und von den Ärzten austherapiert war, durch Zufall ein Produkt kennengelernt hätte, das ihn innerhalb eines Zeitraums von zwei Jahren gesunden ließ. Daraufhin ließ er seine Vergangenheit einfach Vergangenheit sein und baute mit diesem Produkt einen eigenen Vertrieb auf.

Natürlich waren wir ausgesprochen angetan von seinem unglaublichen Heilerfolg, und es sollten Schlag auf Schlag weitere Erfolgsgeschichten folgen. Das betraf Tiere und Menschen gleichermaßen, denn wir hatten nicht nur die schmackhafte Nahrung ohne chemische Zusätze für Hunde und Katzen, sondern auch exklusive Kräuterprodukte für Pferde, viele andere Tiere und sogar für die Menschen. Wir waren durchweg begeistert.

Erika schaffte es mit Hilfe der neuen Produkte, dass ihre Neurodermitis verschwand. Wilfrieds Eltern, fast 80, bekamen einige Artikel von uns geschenkt, ließen sie jedoch lange Zeit unangetastet. Es sollte noch eine Weile dauern, bis sein Vater ernsthaft erkrankte und dann etwas müde die grünen Kapseln nahm. Seinen 85. Geburtstag feierte er gut gelaunt bis in die Morgenstunden. Er hat noch viele Jahre seinen geliebten Garten beackert und starb erst mit 94 Jahren.

Wilfried:
Einer unserer heutzutage erfolgreichsten Berater besuchte uns in der Weihnachtszeit, um Stellenanzeigen zu verkaufen. Bei Plätzchen und Kaffee erklärte ich ihm den Hintergrund unserer Zeitungsanzeigen. Ihm gefielen unsere Philosophie und das Geschäftsmodell. Zuhause saßen allerdings seine strengsten Kritiker in Form seiner Ehefrau und unserer Verbündeten, zweier Hunde, die ich natürlich zum Essen eingeladen hatte.

„Den lass mal kommen", sagte seine Frau, „das funktioniert vielleicht bei anderen Hunden. Nicht aber bei unserer Jenny!" Jenny war eine 14 Jahre alte Mischlingshündin, die teilnahmslos auf ihrer Decke saß und auf das Ende ihres Hundelebens wartete. Selbst das Fressen empfand sie als Last. Ich trudelte mit meinem Produktekoffer und den üblichen Verkaufsunterlagen ein, erklärte, warum unsere Tiernahrung qualitativ hochwertiger als die manch anderer Hersteller war und öffnete eine Dose, damit

Shira, die Huskyhündin, unsere Tiernahrung probieren konnte. Und dann passierte das, womit das Ehepaar nicht gerechnet hatte. Plötzlich war Jenny, die zuvor noch in ihrer Ecke teilnahmslos vor sich hingedümpelt hatte, hellwach. Sie roch die Duftwolke, sprang auf und kam auf mich zu – und fraß. Ein kleines Wunder, denn Jenny war von diesem Moment an wie ausgewechselt. Ihre Gesundheit besserte sich zusehends. Sie wurde 22 ½ Jahre alt. Und das Ehepaar, beeindruckt von diesen Erlebnissen, wurde Vertriebspartner.

Gern erinnere ich mich an die Begegnung mit einem älteren Herrn und der Leidensgeschichte seines treuen Weggefährten, eines Dackels. Ich empfahl ihm einige Produkte und die Umstellung auf unser Futter. Mein Vertriebspartner machte die Bestellung fertig. Dann vergaß ich die Angelegenheit, bis zu dem Tag, als wir auf seine Einladung hin einen Vortrag im Dackelclub hielten. Er kam uns entgegen, hatte Tränen in den Augen und sagte: „Kennen Sie mich noch?" Und ob wir uns noch an ihn erinnerten. Oh Gott, dachten wir, der Hund ist doch nicht etwa tot? Was soll man denken, wenn der alte Mann Tränen in den Augen hat? Nein, es waren Tränen der Rührung. Seinem alten Dackel ging es wieder gut. Er war überglücklich. Und mein Vertriebspartner und ich hatten unseren Beitrag dazu geleistet.

Es waren aber nicht nur die Hundebesitzer, bei denen wir auf denkwürdige Erlebnisse zurückblicken dürfen. Auch die Eigner von Pferden sind fest in unseren Erinnerungen verankert. Dass sie ganz besondere Menschen sind, bestätigen alle, die mit dieser Szene zu tun haben. Es liegt an den Pferden. Sie sind sehr anmutige und sensible Tiere, heißt es. Ob das stimmt, habe ich bis heute nicht herausgefunden. Herausgefunden habe ich, dass wir auch in diesem Bereich etwas aus der Natur zu bieten haben, was seinesgleichen sucht. Mir fällt spontan eine Pferdebesitzerin ein, die monatlich einen mittleren dreistelligen Betrag zum Tierarzt trug und das im wahrsten Sinne des Wortes. Der Tierarzt wohnte schräg gegenüber. Es gab kaum etwas, was dieses Pferd nicht hatte, angefangen von einer Sonnenallergie bis hin zu Beeinträchtigungen des gesamten Bewegungsapparates. Die Besitzerin wurde Beraterin und ist sehr erfolgreich. Der Tierarzt muss seitdem auf das Geld verzichten, und die Probleme des Pferdes reduzierten sich auf ein Minimum.

Hunde, Pferde – und dann wurden auch Kaninchenzüchter auf uns aufmerksam. Eines unserer Produkte schaffte es sogar in die Fachzeitschrift für Kaninchenzüchter. Vom Kanarienvogel bis zum Rennpferd, unsere Produkte begeisterten die Kunden.

Wir fühlten uns berufen, die Menschen mit und ohne Leine in der Hand aufzuklären, ihnen unsere Philosophie, unsere Erfolgsgeschichten aufzudrängen, ja sie sogar zu missionieren. Einige erhofften schon, von weiteren Predigten verschont zu bleiben. Im Nachhinein können wir dies nur zu gut verstehen. Besser man spricht fünf Menschen einmal an, als einen Menschen fünfmal.

Trotzdem soll an dieser Stelle das Thema „Mission" auch noch aus einem anderen Blickwinkel betrachtet werden. Nehmen wir ein Beispiel aus unserem Tätigkeitsbereich: Stell Dir vor, Du bist Besitzer eines Cavalier King Charles Spaniels, einem wunderschönen und treuen Gefährten, der Dein Leben um vieles bereichert hat. Leider erlaubt Dein Arbeitgeber seit kurzem nicht mehr, dass Du Deinen geliebten Vierbeiner weiterhin mit in das Büro bringst. Dummerweise hast Du auch niemanden im Bekanntenkreis, der sich in der Zeit, in der Du Geld verdienst, um Deinen Hund kümmern kann. Also, was bleibt? Entweder Du gibst den Hund weg (natürlich machst Du das nicht) oder Du begibst Dich auf die Suche nach einem passenden Betreuer, einem Hundesitter.

Nach einigen Tagen, in denen Du das Internet durchstöbert hast, springen zwei Verabredungen mit potentiellen Hundesittern heraus. Der erste, mit dem Du sprichst, würdigt Deinen Hund beim Eintreten in die Wohnung kaum eines Blickes. Vielmehr ist er ausschließlich auf Dich fixiert. Während Eures Gespräches lenkt er das Thema sehr schnell auf die Verdienstmöglichkeiten und die Einsatzzeiten mit dem Hund. Er hinterfragt sehr genau, wie es mit der Bezahlung aussieht, wenn er Deinen Vierbeiner einmal zehn Minuten länger als vereinbart bei sich behalten muss. Bei der Verabschiedung läuft er wiederum desinteressiert an Deinem Hund vorbei und verlässt die Wohnung.

Ganz anders zeigt sich der zweite Bewerber für die Stelle des Hundesitters. Es ist eine junge Frau, die sich direkt nach Eintritt in die Wohnung freudig zu dem Hund herunterbeugt, Dich fragt, ob sie ihn streicheln darf und anschließend ausgiebig mit ihm spielt. Sie informiert sich nach dessen Namen und lacht herzlich über seine Lebhaftigkeit. Während Eures anschließenden Gespräches streichelt sie ihn immerzu, während er vertrauensvoll neben ihr hockt.

Die Frage nach Deiner Entscheidung beantwortet sich beinahe von allein, denn Dein Gefühl wird Dir höchstwahrscheinlich sagen, dass Du die zweite Kandidatin auswählen solltest. Aber was genau macht Dir diese Entscheidung so einfach? Es ist das Aufeinandertreffen zweier verschiedener persönlicher Antriebe. Bewerber Nummer eins zeigte deutlich, dass seine Motivation „moneydriven" ist. Die zweite Bewerberin dagegen konnte Dir glaubhaft vermitteln, dass sie „missiondriven" agiert. Auch wenn Du in diesem Moment diese Gedanken wahrscheinlich gar nicht in deinem Kopf hast, so werden sie doch wesentlich Deine Entscheidung beeinflussen.

„Moneydriven" bezeichnet die Motivation für eine Tat oder eine Arbeit, der ausschließlich eine Vergütung oder ein spezieller Betrag zugrunde liegt. Dabei ist die Art der Arbeit und deren Sinnhaftigkeit bestenfalls zweitrangig, es geht ausschließlich um den blanken Tausch von Arbeitszeit und -kraft gegen Geld.

Im Gegensatz dazu steht „missiondriven". Hier bezieht man seinen Antrieb aus einer Überzeugung oder einer Idee. Diese will man vertreten, ausüben und vielleicht sogar verbreiten. Es liegt auf der Hand, dass die Motivation der „Mission" verwurzelter, anhaltender und auch (wie die Entscheidung für Kandidatin zwei als Hundesitterin beweist) überzeugender ist.

Geld ist erwiesenermaßen nur ein kurzzeitiger Motivator. Eine Gehaltserhöhung im gängigen Rahmen sorgt normalerweise höchstens zwei Monate lang für einen kleinen Motivationsschub. Dann ist wieder alles beim Alten. Deshalb wäre es schon erstrebenswert, sein Leben, und damit eben auch die Wahl der täglichen Arbeit, darauf auszurichten, was einen wirklich glücklich macht. Der schöne Nebeneffekt ist, dass dies oft auch der Weg in die finanzielle Freiheit ist, denn man arbeitet von Natur aus mit mehr Motivation und Begeisterung, wenn man von seiner Tätigkeit überzeugt ist und ihr gerne nachgeht.

Wir kennen keinen Networker in unserem Unternehmen, der nicht missiondriven ist beziehungsweise es zu seiner aktiven Zeit war. Das Wohl der Tiere liegt allen am Herzen, und Tierschutz fängt beim Füttern an. Wenn man außerdem noch eine Palette mit Kräutern aus dem Naturlabor zur Verfügung hat, geht das Herz bei Kunden und Beratern auf, denn man kann helfen. Aus vielen langfristigen Kundenbeziehungen sind mittlerweile Freundschaften entstanden. Missiondriven eben.

Unser Slogan:
Wir bieten Arbeit, die Spaß macht, für Geschöpfe, die dankbar sind, mit Menschen, die bereichern.

Kapitel 3
Erfolg ist erlernbar

Viele Köche perfektionieren den Brei

Wilfried:
Unser Leben war angenehmer geworden. Auch Olli genoss, dass wir, seine Eltern, unsere Zeit frei einteilen konnten. Das Leben wurde einfach freier, weil wir dem Laufrad des Angestelltendaseins entkommen waren und unsere Einnahmen reichten, um gut über die Runden zu kommen. Außerdem hatten wir genug gelernt, um uns inzwischen in unserer Branche behaupten zu können. Somit konzentrierten wir uns verstärkt auf den Aufbau von Teampartnern/innen.

Network-Marketing war für uns zwar völlig neu, doch hatte mich die Theorie derart fasziniert, dass ich uns in die finanzielle Unabhängigkeit gerechnet habe. Ich bin ein Zahlenmensch und verstand auf Anhieb, den Marketingplan zu lesen. Der Marketingplan ist der Verdienstplan für die Provisionszahlungen. Allgemein üblich beginnt er mit kleineren Umsätzen und entsprechend kleineren Prozentanteilen. Je nach Umsatzgröße der eigenen Verkaufserlöse und des Warenumschlags der Teampartner errechnet sich die Provision. Ich habe zielstrebig auf die Spitze des Marketingplans geschaut und mir dann unseren Traumverdienst ausgerechnet.

Was müssen wir nun aber tun, um möglichst schnell die höchste Provisionsstufe zu erreichen? Ich bin es gewohnt, Dinge strategisch anzugehen. Erfolg beginnt schließlich im Kopf. Mit dieser Vorgehensweise „Ziel → Strategie → Plan → Aktion" bin ich von jeher erfolgreich gewesen. Mein Ziel, unser Einkommen zu verdoppeln, stand fest. Strategisch vorzugehen bedeutet, dass wir von den Erfolgreichen lernen. Das sind die Menschen, die das erreicht haben, was wir erreichen wollten. Wir gaben uns drei Jahre Lehrzeit und hörten Kassetten (das sind die eckigen Dinger mit den beiden runden Löchern und dem Tonband drumherum), CDs, lasen Bücher, auch „nutzlose". Wir ließen nichts aus. Unerschütterlich probierten wir Dinge aus und bildeten uns weiter. So manches Mal versuchten wir auch, das Rad neu zu erfinden. Das gehört wohl auf dem Weg zum Erfolg dazu. Unser Job ist einfach, aber nicht leicht. Mit dieser Erkenntnis konnte ich unseren neuen Vertriebspartner/innen Werkzeuge an die Hand geben, die sie bei ihrer Tätigkeit unterstützten.

Ich bereitete Pläne vor, in denen ich kalkulierte, wie ich viele Menschen erreichen würde. Pläne, wie und wann ich Schulungen mit dem Firmeninhaber und mit externen Trainern geben würde. Pläne, wann ich eigene Schulungen und Workshops anbieten könnte, um neue Partner/innen zu gewinnen. Pläne, wie und wo ich die neuen Partner und Partnerinnen einarbeiten würde. Pläne, Pläne, Pläne. Dann bereitete ich meinen Terminkalender für ein Jahr vor. Ich trug die Zeiten ein, die ich für meine geschäftlichen Belange benötigte und Zeiten, die rein der Freizeit und der Familie gehörten.

Erika erstellte unsere gemeinsame Namensliste. Es kamen etliche Excel-Seiten zusammen. Selbst Oliver ist dank Doppelfamilie und Mitgliedschaft in der Feuerwehr sehr gut vernetzt. Und Erikas Vorliebe für häufige Arbeitgeberwechsel kam uns zugute. Alle erfolgreichen Networker haben ein großes Netzwerk, ein privates Kontakt-Universum. Und die Menschen aus eben diesem Netzwerk luden wir zu Vorträgen (Gesundheitsvorträge mit einem Mediziner, mit dem Firmeninhaber und eigene Vorträge für Hunde, Katzen- und Pferdebesitzer) ein und sprachen einige dabei auch direkt auf unser Geschäft an. Wir trafen sie auch bei uns zu Hause und stellten ihnen in unserer Küche das Geschäftsmodell vor. Wohnten unsere Kontakte weiter entfernt, so mieteten wir einen Konferenzraum in einem Hotel an und informierten die Zuhörerschaft eben dort. So gewannen wir die ersten Vertriebspartner/innen. Wir stellten unser Unternehmen regional auf. Selbstverständlich traten wir als neue Unternehmer in den ansässigen Gewerbeverein ein, präsentierten uns auf Veranstaltungen, bei denen Berufsbilder vorgestellt wurden und sogar auf Weihnachtsmärkten. Wir wurden bekannter und unser Team wuchs. „Wir kriegen sie alle", war unsere Devise. Sollte ein Interessent nicht direkt bei uns Vertriebspartner werden, dann eben bei einem unserer Teampartner.

Unser Unternehmen wuchs in einer beachtlichen Geschwindigkeit. Wir re-investierten einen nicht geringen Prozentsatz unserer monatlichen Provisionen weiter in das Geschäft, denn uns war voll und ganz bewusst, dass das Ende der Erfolgsfahnenstange noch lange nicht erreicht war. Und so expandierten wir immer weiter, egal ob im nahen Umkreis oder eben ein ganzes Stück weiter entfernt.

Da wir auch bereits in Berchtesgaden einen Vertriebspartner hatten, organisierten wir in der Nähe eine Schulung. Das passende

Seminarhotel fanden wir in Österreich unweit von Salzburg. Wir schalteten eine Stellenanzeige und trafen den Nerv der Leser. Der Zuspruch war groß und die Interessenten aus dem Salzburger Raum brachten sogar ihre Bekannten aus Kärnten mit. Wir konnten mit unserem Konzept alle Anwesenden überzeugen, sodass sie am darauffolgenden Tag vollständig erschienen, um an der Schulung teilzunehmen. Im Prinzip taten wir nichts anderes, als immer wieder neue „Filialen" unserer „Network-Supermarktkette" zu eröffnen. Und es wurden immer mehr.

Erfolgsformel

Vervielfältige Deine Arbeitskraft. Bau Dir ein Team von Gleichgesinnten auf, an deren Leistung Du partizipierst. Dein Erfolg wächst in dem Maße, in dem Du sie erfolgreicher machst.

Eine Erkenntnis, zu der wir nach der Gewinnung neuer Partner gelangten, war, dass man für konstruktive Unterstützung und ein wenig zeitliche Investition unglaublich viel zurückbekommen konnte. Wir schulten unsere neuen Partner eingehend, berichteten ihnen von unseren Erfahrungen in der Branche und gaben ihnen nützliche Tipps, wie sie selbst erfolgreich werden konnten und wie sie nicht die gleichen Fehler begehen, wie wir es getan hatten. Unser Ziel war es, sie möglichst „besser" zu machen, als wir selbst es waren. Wir legten ihnen nahe, aus unseren Misserfolgen zu lernen und unsere erfolgreichen Vorgehensweisen zu kopieren. Als Folge dieser Schulungen und dem dabei einhergehenden Paradigmenwechsel im Kopf der Teilnehmer war es nicht überraschend, dass jeder von ihnen danach die Frage stellte: „Sind Sie mir böse, wenn ich Ihren Hund zum Essen einlade?" Mit der weiteren Argumentation „Sie fragen sich sicher, warum wir das machen. Wir stecken kein Geld in die Werbung. Wir stecken es lieber in die Qualität der Tiernahrung. Das macht doch auch Sinn, oder?", war der Erfolg der Kundengewinnung vorprogrammiert.

Unser Partnerunternehmen war mit uns in die neue Ära des Netzwerkaufbaus „Network-Marketing" aufgebrochen. Es gab damals so gut wie noch keine Schulungsunterlagen, aber für uns erwies sich dies als glückliche Fügung, konnten wir doch so unsere eigenen Erfahrungen und Vorstellungen in das in der Entstehung begriffene Programm für neue Partner mit einbringen. Dies bedeutete zwar viel Arbeit, zahlte sich aber hundertfach aus.

Es machte uns Spaß, die Dinge mitzugestalten. Wir waren hochmotiviert und steckten voller Tatendrang. Waren unsere Schulungsthemen anfangs unmittelbar Produkt- und Vertriebsbezogen, so boten wir bald auch Themen wie Selbstvertrauen, Durchsetzungskraft und Persönlichkeitsentwicklung an. Wir lernten voneinander, waren in Aufbruchstimmung, betraten Neuland. Mittlerweile hatten wir etliche gut ausgebildete Vertriebspartner/innen an unserer Seite. Und auch sie wollten immer mehr. So veranstalteten wir für sie sogar Sprecherausbildungen, um ihrem Wunsch nach mehr Fortbildung nachzukommen.

Welch ein Potenzial schlummert in den Kollegen und Kolleginnen, stellten wir begeistert fest. Es schien kein Ende zu nehmen. Unglaubliche Talente! Es war eine unbeschreibliche Freude, wie wir alle uns gemeinsam immer weiter entwickelten. Und so wuchs die nächste Reihe der Führungskräfte heran, die ihr Wissen in Workshops und Seminaren ebenso weitergab. Heute haben wir etliche sehr erfolgreiche Unternehmer/innen mit enormen Umsätzen in unseren Reihen.

WIR SIND MÄCHTIG STOLZ AUF EUCH.

Die Basis unseres Erfolgs: Unerschütterlich „Lernen → Tun → Lernen → Tun"

Nehmen wir einmal an, Du hast Feuer gefangen und Interesse bekommen, mit Network-Marketing zu starten. Immerhin ist all das, was Du bisher gelesen hast, sehr nachvollziehbar und logisch (das hoffen wir zumindest). Das ist wahrscheinlich der richtige Zeitpunkt, um Dich ein wenig einzufangen. Es ist uns bewusst, dass es in diesem Bereich viele Unternehmen gibt, die mit unglaublich hohen Verdienstmöglichkeiten locken. Gleich vorweggenommen, es gibt diese Menschen, die mit Network-Marketing ausgesprochen reich geworden sind. Aber nach unserer Meinung sollte man sich nicht vom ersten Tag an ausschließlich an denen orientieren, denn auch sie sind nicht über Nacht so erfolgreich geworden.

Wenn Du diesen Schritt gehen willst, und sei es zuerst nur einmal als Nebenverdienst, dann ist es wichtig, dass Du Dir einen guten Mentor suchst. Mentor? Das ist die Person, die Dich „an Bord" holt und Dir möglichst alles beibringen soll, was Du wissen musst. Dieser Mentor sollte bereits genau das erreicht haben, was auch Du erreichen willst. Voraussetzung für Deinen Erfolg ist immer Dein Einsatz, Dein Wille und – Deine Geduld.

Gehe davon aus, dass Du über einen längeren Zeitraum kontinuierlich lernen und arbeiten musst, um erfolgreich werden zu können. Dieser Fakt mag das Bild zerstören, das bei manchen Schulungen im Network-Marketing-Bereich vermittelt wird. Du wirst also nicht nach ein paar Monaten in Deinem offenen Sportwagen an der kalifornischen Küste entlang cruisen, sondern diese Zeit für Schulungen, Produktpräsentationen und der Gewinnung neuer Partner zubringen. Hört sich nach Arbeit an? Ja, das ist es auch. Aber sei versichert: Wenn Du geduldig bist und motiviert bleibst, so wirst Du erfolgreich werden.

Als kleine Unterstützung für die Geduld, die Du aufbringen musst, solltest Du Dir Folgendes klarmachen: In anderen Berufen benötigst Du als Grundlage eine Ausbildung. Diese ist notwendig, weil Du natürlich das Tätigkeitsfeld und all dessen Teilbereiche kennenlernen musst. Niemand hat das Talent, in einen neuen Beruf einzusteigen und ihn sofort aus dem Effeff zu beherrschen. Es wäre genauso vermessen, ohne Training zu den Olympischen Spielen zu fahren und zu erwarten, dass man mit einer Goldmedaille um den Hals zurückkehrt. Ebenso ist es mit einer Ausbildung (nach der Du in unserem wirtschaftlichen System ohnehin noch viele, viele Jahre bräuchtest, bist Du wirklich gutes Geld verdienst) und auch mit den ersten Jahren im Network-Marketing.

Achte stets darauf, dass Deine Motivation für Deine Tätigkeit „missiondriven" ist. Menschen besitzen ein untrügliches Gespür dafür, ob ihr Gegenüber gerade eine innere Überzeugung vertritt oder ob er einzig und allein versucht, ihnen das Geld aus der Tasche zu ziehen.

In der Zeit, in der wir in dieser Branche tätig sind, haben wir viele Menschen getroffen. Gerade diejenigen, die von einem schnellen Erfolg ausgegangen sind, sind schon lange nicht mehr dabei. Diejenigen, die lernen wollten und dann auf diesem Erlernten aufbauten, die sich selbst kontinuierlich persönlich entwickelt haben, finden sich immer noch in dem Unternehmen – und viele sind ausgesprochen erfolgreich.

Wie lange dauert es denn nun, bis Du endlich erfolgreich bist? Natürlich gibt es dafür keine allgemeingültige Antwort. Wir raten immer dazu, dass sich jeder Neueinsteiger einen Zeitraum von mindestens drei Jahren einräumt, um das Business zu erlernen und zu verstehen. Blickt er nach diesen drei Jahren zurück, dann wird er feststellen, wie weit er bereits gekommen ist und wie sich sein Einkommen fortwährend verbessert hat. Der Moment, an dem seine persönliche Erfolgsrakete wirklich gezündet werden kann, rückt unaufhaltsam näher. Bist Du bereits im Network-Marketing tätig, so frage Dich Dinge wie beispielsweise: Wie hat sich mein Geschäft entwickelt? Wie bin ich in den letzten drei Jahren persönlich gereift? Was habe ich alles gelernt? Bin ich bereit für mehr Erfolg? Will ich meine persönliche Weiterentwicklung immer weiter vorantreiben?

Solltest Du Dich noch nicht zu dem Schritt entschlossen haben, im Network-Marketing Deine berufliche und persönliche Zukunft zu sehen, so können wir Dir nur aus tiefster Überzeugung nahelegen, Dich in einer ruhigen Minute mit dem Gedanken zu beschäftigen, welche Bereicherungen Dein Leben erfahren kann, wenn Du es einmal probierst. Die meisten Menschen verharren in ihren gewohnten Mustern rein aus der Angst heraus, dass sich etwas verändern könnte. Wenn man jedoch einmal an den Punkt gelangt ist, an dem man Veränderungen als etwas Positives wahrnimmt, dann stehen einem alle Türen für eine glänzende Zukunft weit offen. Es macht immer Angst, seine Bequemlichkeitszone hinter sich zu lassen. Erfolg gibt es aber nur, wenn Du sie verlässt, nur außerhalb der sogenannten Komfortzone findet man den ersehnten Erfolg.

Jedem sollte dabei bewusst sein, dass auch der Erfolg im Network-Marketing seine Zeit braucht. Realistisch betrachtet kommt man hier jedoch mit einer kürzeren Zeitspanne aus, als es nach einer Ausbildung oder auch nach einem Studium der Fall ist. Behalte diesen Leitfaden zum Geduldigsein im Kopf, denn er kann Dir Motivator und Ansporn sein, wenn Du unserem Beispiel folgen willst.

Erfolgsformel

Gutes braucht seine Zeit.
Vertraue Dir, vertraue Deiner Überzeugung
und vertraue auf Deine Geduld!

Schicke Deine Persönlichkeit auf die Reise

Hast Du Lust auf eine Übung? Sie soll Dich anregen, über Dich nachzudenken. Sie hilft Dir, einige Fragen über Dich zu beantworten: Lebe ich mein Leben nach meinen Vorstellungen? Wenn ja, dann brauche ich nur einige Kleinigkeiten zu optimieren. Wenn nicht, dann wird es Zeit, dass ich die richtige Richtung erkenne und diese auch einschlage. Aber welche Richtung ist eigentlich die richtige?

Nimm Dir ausreichend Zeit für die Beantwortung der Fragen. Und bitte denke daran: Du musst ehrlich zu Dir sein, denn vielleicht hast Du Dir schon viel zu lange etwas vorgegaukelt. Du kannst nur glücklich und zufrieden werden, wenn Du offen in Dein Herz blickst und die Antworten, die Du bekommst, annimmst und Deine Schlussfolgerungen daraus ziehst.

Was kann ich wirklich gut?

Was mache ich wirklich gerne?

Welche drei Schlagworte beschreiben, was ich wirklich erreichen will?

1.

2.

3.

Beim Betrachten der Punkte 1 bis 3 liege ich auf einer Skala von 1 (von diesen Zielen bin ich sehr weit entfernt) bis 10 (diese Ziele habe ich durchweg erreicht) bei folgendem Wert:

Bei der weiteren Lektüre dieses Buches solltest Du hin und wieder zu dieser Seite zurückblättern, denn Du hast gerade Deine Persönlichkeitsentwicklung gestartet – ein unabdingbarer Prozess, wenn man erfolgreich werden will. Aber keine Angst, mit Dir geschieht nichts, was Du selber nicht willst. Vielmehr begibst Du Dich auf eine spannende Reise, bei der Du Dich und Deine wahren Bedürfnisse besser kennenlernen wirst.

Wir selbst haben dieses Abenteuer bereits erlebt und befinden uns doch gleichzeitig mittendrin, denn die Entwicklung der eigenen Persönlichkeit endet nie. Zumindest hat sie uns aber schon jetzt einen gewissen Wohlstand eingebracht und uns sehr nah an unser Lebensziel geführt. Wie sieht es bei Dir aus? Möchtest Du Dir einen bestimmten Traum erfüllen? Möchtest Du gar Dein Leben ändern? Dann lies weiter und sei offen für die Entwicklung Deiner Persönlichkeit.

Die Wichtigkeit der Entscheidungen

Die Reise zur eigenen Persönlichkeit ist vor allem eine positive Auseinandersetzung mit Dir selbst. Wenn Du bewusst an Dir arbeitest, dann wirst Du Dir immer wieder Fragen stellen. Das ist gut so, denn nur so kannst Du erfahren, ob Dein aktuelles Umfeld wirklich Deinen persönlichen Vorlieben und Deinem ureigenen Naturell entspricht. Du wirst wiederholt an den Punkt gelangen, an dem Du bewusst Entscheidungen treffen wirst, die Dein Leben verändern werden. Das ist eine wunderbare Sache, denn es zeigt, dass Du, und zwar nur Du, derjenige bist, der die Richtung Deines Lebens bestimmt und der seine persönlichen Wünsche und Vorstellungen zur Realität erwecken kann.

Vielleicht hört sich dies eher nach trockener Theorie als nach einem umsetzbaren Erfolgsgeheimnis an. Deshalb wollen wir Dir anhand eines praktischen Beispiels aus unserem Leben zeigen, welchen Einfluss getroffene Entscheidungen auf das zukünftige Leben haben.

Erika:
Du hast über mich erfahren, dass ich auf dem Land groß geworden bin. Ich kann mir auch im Nachhinein keine schönere Kindheit vorstellen, denn die Natur um mich herum bot unendlich viele Möglichkeiten, meinem kindlichen Spieltrieb nachzukommen. Bis zum sechsten Lebensjahr wohnte ich zu weit vom nächsten Dorf entfernt, als dass ich regelmäßig Spielkameraden bei mir gehabt hätte. Was tut ein Kind in einer solchen Situation? Es sucht sich selbst etwas, mit dem es sich beschäftigen kann und was ihm Spaß bereitet. Ich beispielsweise verbrachte gerne meine Zeit damit, mit meiner Oma Kartoffelkäfer zu sammeln, nur um sie dann lieblos ins Jenseits zu befördern (nein, darauf bin ich heute nicht mehr stolz!). Wenn es regnete, bastelte ich mir aus Zeitungspapier, Pappe und Kartoffeln als Kleber Latschen, die ich stolz betrachtete, da sie leider nicht straßentauglich waren. Vielleicht mag sich das für Dich nicht besonders abenteuerlich anhören, ich jedoch war über lange Zeit überzeugt, die beste

Latschenbastlerin auf dieser Erde zu sein. Und das machte mich ausgesprochen stolz und glücklich.

Als ich ins Schulalter kam, zogen meine Familie und ich in das sieben Kilometer entfernte 300-Seelen-Dorf, das fortan meine Heimat war. Unser kleiner Bauernhof bestand aus Kühen, Masthornvieh, Schweinen, Hühnern, Katzen, einem Arbeitspferd und ein paar Hektar Land. Ich half auf dem Feld zwischen Getreide, Kartoffeln, Runkelrüben, Mais und einem alten Trecker sowie beim Torfgraben. Während andere Kinder im Dorfbach badeten, halfen wir bei der Landarbeit und im Stall. Es hatte uns nie gestört, wir kannten es ja nicht anders. Selbst, als ich mich vollkommen den Irrungen und Wirrungen der Pubertät aussetzte und mich die Diskothek mehr reizte als die Euter unserer Kühe, fühlte ich mich in der Natur zuhause. Bis heute hat sich das nicht geändert.

Einige Jahre später stellte sich die Frage nach der Zukunft in dem Moment, als Wilfried und ich beschlossen, ein gemeinsames Zuhause aufzubauen. Damals lebte ich mit meiner Familie bereits in einem eigenen Haus im Grünen, denn es war für mich niemals eine Option gewesen, anders zu leben als in einem eigenen Haus. Anders dagegen Wilfried, denn er bewohnte mit seiner Familie ein Mietshaus in einem etwas größeren Dorf. Für mich war ein Wohnen zur Miete nicht vorstellbar. Ich rechnete die Monatsmiete auf den Tagespreis um und stellte mir diesen Betrag vor. Undenkbar, so viel Geld, da kann ich ja gar nicht aus dem Haus gehen, da muss ich den Betrag erst einmal vollständig abwohnen. Doch Wilfried hatte keinerlei Problem damit.

Im Gegenteil, er genoss es, keine Verantwortung für ein Haus übernommen zu haben, den Vermieter anrufen zu können, wenn es Probleme gab, usw. So hatten wir vollständig unterschiedliche Vorstellungen von unserer gemeinsame Zukunft – und der solidarische Mittelweg war nicht in Sicht.

Letztendlich gab es zwei Punkte, die Wilfried dann doch überzeugten. Das erste Argument für den Kauf eines eigenen Hauses lieferte unser Vermieter, indem er ankündigte, selber einziehen zu wollen und den Vertrag nur zeitlich befristet verlängerte und das zweite Argument war die reine finanzielle Logik. Nachdem ich rechnerisch überschlagen hatte, dass Wilfried für sein Mietshaus täglich über 30 Mark bezahlte, war auch ihm der Irrsinn einer Anmietung bewusst. Warum gibt man dieses Geld einem Vermieter, anstatt es für sich selbst zu nutzen? Was ich damals nicht ahnen konnte, war seine ausgesprochene Vorliebe für Immobilien, die wenig später zutage treten sollte.

Wir kauften unser erstes gemeinsames Haus, ein altes Bauernhaus auf 3.000 Quadratmetern Grundstück, in einem Ort mit 2.000 Einwohnern. Die nächsten zehn Jahre verbrachten wir mit Renovieren. Renovieren ist etwas untertrieben. Wir restaurierten das Haus von Grund auf, wohnten sozusagen zehn Jahre in einer Baustelle. Zu der Zeit arbeiteten wir beide in Hamburg und hatten einen Fahrtweg von zwei bis vier Stunden täglich, je nachdem, ob Stau im Elbtunnel war oder nicht. An unserem Haus bauten wir nach Feierabend und an den Wochenenden. Das Wichtigste: Gleich nach dem Einzug legten wir auf der ehemaligen Pferdeweide einen Gemüsegarten an. Außerdem pflanzten wir Bäume.

Bäume, überall Bäume, von Streuobstbäumen bis Laub- und Nadelbäumen aus den Wäldern in der Umgebung.

Super-Entscheidung, ein Haus zu kaufen, dachte nun auch Wilfried und war von diesem Moment an infiziert. Und so erwarb er ein weiteres Haus im Ort. Das ging innerhalb von vier Stunden inklusive notarieller Beurkundung. Wow! Aber nun hatten wir zwei Baustellen. Was soll's, wir waren jung. Wir schaffen das! Unser Leben spielte sich zwischen Büroarbeit in Hamburg und unseren Baustellen ab. Hatten wir gestern in einem unserer Räume Geburtstag gefeiert, rissen wir die Wände am nächsten Tag ein und bauten neue. Olli mittendrin. „Bauschutt-Olli" nannten wir ihn. Es machte ihm Spaß, beim Abbruch mitzuhelfen. Selbst in seiner Schule, der Lebenshilfe, meinte er, mal ein Waschbecken abbrechen zu müssen. Sein Kumpel unterstützte ihn dabei tatkräftig. Die Lehrer waren weniger begeistert, wie man sich denken kann. Aber wer einmal Feuer für ordentliche Abbrucharbeiten gefangen hat, der ist eben nicht so leicht zu stoppen ...

Erfolgsformel

Du bist zu 100% verantwortlich für Dich.
Triff Deine eigenen Entscheidungen!

Überlässt Du das den anderen, überlässt Du ihnen Dein Leben.

Wilfried:
„Entscheidungsangst" ist mir fast ein Fremdwort. Keine Entscheidung zu fällen ist gefährlicher als einmal die falsche zu treffen. Jede Entscheidung lässt sich korrigieren. Sie sind Lernerfahrungen und „Dünger" für mein zukünftiges Handeln. Ist es nicht seltsam, dass die Masse unserer Mitmenschen Entscheidungen, die sie direkt oder indirekt betreffen, anderen Personen überlässt? Was steckt dahinter?

Oftmals sind es ohnehin bereits vorhandene Ängste, die durch die Notwendigkeit einer Entscheidung noch verstärkt werden. Die Folge davon ist, dass viele Menschen das Pro und das Contra abwägen, zaudern, hoffen, dass sich das Problem von alleine lösen wird. Dieses weit verbreitete Phänomen ist, wenn man einmal genau darüber nachdenkt, ziemlich sinnlos. Eigentlich sind wir Menschen doch dafür gemacht, unseren eigenen Weg zu gehen und unsere eigene Geschichte zu schreiben. Doch dies kann nur funktionieren, wenn man seiner Individualität den Raum gibt, sich zu entfalten. Und dafür muss man sich für und auch gegen Dinge entscheiden, zum Beispiel gegen eine Mietwohnung und für den Kauf eines eigenen Hauses (oder den Kauf zweier Häuser in kurzem zeitlichen Abstand). Die Angst, eine falsche Entscheidung zu treffen, kennt sicherlich jeder von uns. Wenn man sich aber bewusst macht, dass bei den meisten dieser Entscheidungen auch ein Fehltritt keine wirklich ernsthaften Konsequenzen haben wird, so erleichtert dies vieles.

Wir sollten lernen, die Möglichkeit der Entscheidung als ein großes Geschenk anzunehmen. Wir können uns glücklich schätzen, in einem Land mit einer Demokratie leben zu dürfen, die es uns ermöglicht, selbst Entscheidungen treffen zu dürfen und unser Leben somit in die für uns richtige Bahn lenken zu können. Wer dies noch immer anzweifelt, der mag seinen Blick auf die Staaten richten, in denen keine Meinungsfreiheit herrscht. Hier werden einem die Entscheidungen von staatlicher (oder militärischer) Seite abgenommen und den Einwohnern wird vorgeschrieben, was sie zu tun und zu lassen haben. Diese Menschen wären froh, ihre eigenen Entscheidungen treffen zu dürfen. Sie würden gerne so leben können, wie wir es tun, also sollten wir über dieses Geschenk umso dankbarer sein.

Die Größe unserer Gedanken bestimmt die Größe dessen, was wir erreichen. Erst müssen wir im Innen wachsen, bevor wir es im Außen tun. Wenn ich mir nicht vorstellen kann, eine Immobilie zu erwerben, werde ich nie ein eigenes Haus, geschweige denn Rendite-Immobilien besitzen. Wenn ich mir nicht vorstellen kann, ein großes Unternehmen zu führen, werde ich es niemals tun. Als ich das erste Mal den Provisionsplan unseres Network-Unternehmens gesehen habe, war mir vollkommen klar, dass ich ihn zielorientiert prüfen beziehungsweise „von oben lesen" müsste. Ich sah mich finanziell unabhängig, blickte ich doch auf die grandiosen Möglichkeiten, die ich in der Spitze erreichen kann, sah, wie sich all meine Träume verwirklichten.

So einfach war es dann ja doch nicht. Von der Theorie zur Praxis ist es ein längerer Weg. Natürlich gab es auch für mich die Zeit, in der ich dem normalen Trott folgte und während Lehre, Wehrdienst und Studium als Angestellter keine Zeit für außergewöhnliche Träume und weitreichende Entscheidungen hatte. Ich folgte dem vermeintlichen Fluss des Lebens. Bis zum großen STOP. Dass ich meinen hoch dotierten Job von heute auf morgen aufgab, verdanke ich meiner Entschlussfreude, ohne dabei blauäugig zu sein. Ich hatte alles durchgerechnet, so weit wie möglich geplant und konzentrierte mich auf meine Talente und Fähigkeiten. Das ist der Vorteil, wenn man seine Erfahrungen in den zurückliegenden Lebensjahren machen konnte – man kennt sich besser und weiß, was man kann. Und wovon man lieber die Finger lassen sollte. Und Network-Marketing erschien mir sofort wie etwas, das mir entsprach, was Sinn machte und wo ich meine Stärken einbringen konnte.

Natürlich leben wir anders

Wir wohnten auf dem Land, bauten an unseren beiden Häusern, beackerten unseren Gemüsegarten und bepflanzten das weitläufige Grundstück mit allerlei Grün. Selbst Brennnessel und Giersch hatten hier ihren Platz. Mehr oder weniger Selbstversorgung plus großzügigem Wohnen und Leben auf eigener Scholle, das war unser Ding. Die lange Umbauphase erklärte sich dadurch, dass wir zwischendurch trotz aller Arbeit weiterhin auch das Leben genießen wollten. Bekamen wir spontan Besuch, stellten wir Baumaschinen und Arbeitsgeräte an die Seite, warfen den Grill an und genossen gemeinsam den Tag. War es draußen zu kalt oder regnerisch, grillten wir eben einfach drinnen. Unser Haus war eine Baustelle, bis zum First offen und monatelang rundherum belüftet. Es war ein großer Spaß, bei uns zu feiern. Recht unkonventionell, aber genau das machte es zu etwas ganz Besonderem. Sekt gab es aus Tassen. Wir lebten in ständigem Kontakt mit Boden und Baumaterialien in gewachsener Umgebung am Rand des Zentrums unseres Dorfes, inmitten von „Mondscheinbauern" (Nebenerwerbslandwirten) und „Ureinwohnern". Mit einer Ausnahme waren wir Dorfkinder unter uns. Ökologische Themen und alles rund ums Bauen und Zusammenleben zogen sich wie der berühmte rote (grüne) Faden durch unser Leben.

Unser Partnerunternehmen bot schon damals einen philosophischen Blick auf den Lauf des Lebens, der unserer Denkweise voll und ganz entsprach. Dabei lag das hauptsächliche Augenmerk auf dem gesunden Boden, aus dem alles Leben entsteht, denn gesunder Boden ermöglicht auch gesunde Pflanzen und dies wiederum sorgt für gesunde Tiere und gesunde Menschen. Irgendwann wird jedes Lebewesen wieder zu Staub und Boden und befindet sich somit in einem ewig währenden Kreislauf. Was lag und liegt also näher, als dafür zu sorgen, dass alle an diesem Kreislauf Beteiligten die Möglichkeit bekommen, gesunde Lebensmittel zu erhalten?

„Gesundheit ist der größte Reichtum", sagt ein altes deutsches Sprichwort. Und genauso ist es auch. Wir sehen unsere Gesundheit wie ein persönliches Bankkonto. Hier besitzen wir von Natur aus ein Guthaben, ein wirklich ausgeprägtes Guthaben, was uns von Geburt an zur Verfügung gestellt wird. Im Laufe der

Jahre heben wir regelmäßig von unserem Gesundheitskonto ab. Irgendwann, meist im fortgeschrittenen Alter, gelangen wir unweigerlich in den körperlichen Dispositionskredit, wenn wir in den Jahren zuvor nicht regelmäßig auch auf dieses Konto eingezahlt haben. Jeder weiß, dass Banken sich die Nutzung eines Dispositionskredites ordentlich bezahlen lassen – die Überziehungszinsen sind enorm. Dies lässt den zerstörerischen Strudel des angeschlagenen Gesundheitszustandes schneller drehen. Die Gefahr ist groß, dass man die Zinsen nicht mehr aufbringen kann und es nicht zurück in den Haben-Bereich seines Bankkontos schafft. Spätestens dann realisiert man, dass man in den vielen Jahren zuvor auf sein Konto hätte einzahlen sollen, anstatt den Gesundheitsvorschuss mit vollen Händen auszugeben. Gesunde Ernährung ist dabei die Basis eines ausgewogenen Gesundheitskontos.

Lass uns jetzt den Brückenschlag zwischen der Ökologie und Network-Marketing machen, denn es gibt hier interessante Parallelen. Dies kann man bereits bei einem Blick darauf feststellen, was ein gesundes ökologisches Gleichgewicht ausmacht. Es ist das organische generische Wachstum, anstelle des überdüngten und mit unverantwortlichem Einsatz von Chemikalien unterstütztem Hochzüchten von Pflanzen und Tieren. Die Natur benötigt ihre Zeit, um ihre besten und gesündesten Produkte zu produzieren. Ein Eingriff in diese Prozesse bringt zwar mehr Masse, schadet jedoch der Natur und damit letztendlich auch wieder dem Menschen.

Dieses Verständnis deckt sich mit unserem, auch wenn wir über Network-Marketing sprechen, denn hier führt es bestenfalls zu einem kurzzeitigen Erfolg, wenn man mit lautem Hype, Aktionismus und aktionsbezogener Umsatzmacherei vorgeht. Und das ist leider die Erwartung vieler Neueinsteiger, die durch die Präsentationen ausschließlich finanziell-orientierter Networker die Vorstellung bekommen, dass sie nur laut genug poltern müssten, um viel Geld zu verdienen. Aber das ist nicht unser Weg. Wir sind der festen Überzeugung, dass langfristiger Erfolg in dieser Branche (und vielleicht auch in vielen anderen) nur mit zwischenmenschlichem Verständnis, der Liebe zur Sache und zum eigenen Produkt, gegenseitiger Unterstützung, Coaching und der Verfolgung eines gemeinsamen Ziels funktioniert.

Auch im Network-Marketing ist das organische, generische und kontinuierliche Wachstum der wirkliche Weg zu langfristigem Erfolg. Übertriebene „Dopingmaßnahmen" führen in beiden Bereichen zu einem kurzfristigen Hoch, werden aber nie langfristige erfolgreiche Stabilität zur Folge haben. Im Gegenteil, sie bergen die Gefahr, dass alles plötzlich zusammenbricht.

Sowohl die Natur als auch Network-Marketing lassen sich nun einmal nicht austricksen. Dies lässt sich sehr gut beobachten, wenn man die schwarzen Schafe der Branche betrachtet. Sie versuchen, mit allen Mitteln neue Partner zu gewinnen. Dabei nutzen sie Überzeugungskraft, falsche Versprechungen und Druck. Wir fragen uns manchmal, wie dieses unethische Vorgehen funktionieren soll. Inzwischen sind wir zu einer eindeutigen Antwort gekommen: Gar nicht!

Wenn wir neue Partner gewinnen wollen, dann funktioniert dies nur über die Vermittlung unserer Werte sowie dem Teilen unserer Begeisterung und unserer Überzeugung. Dabei sind unsere Werte überaus unspektakulär, aber vielleicht macht gerade deren Einfachheit den Erfolg aus: Bodenständigkeit, Gelassenheit und Zwischenmenschlichkeit.

Kennst Du die Werte, für die Du stehst und die Du anderen gerne vermitteln willst? Denke ruhig einen Moment über diese Frage nach, bevor Du das nächste Kapitel zu lesen beginnst. Immerhin geht es – und das sollte in keinem Moment vergessen werden – um Dich.

Du bist einzigartig, also nutze es!

Sicherlich gibt es Menschen, deren Persönlichkeit oder deren Schaffen Du bewunderst. Sie haben in ihrem Leben etwas erreicht, das Dir imponiert. Somit sind sie (zumindest für Dich) außergewöhnlich, da sie sich von der breiten Masse abheben. Doch was ist es eigentlich, was diese Menschen so besonders macht? Ist es ihr Mut? Ihre Persönlichkeit? Ihr Aussehen? Ist es das, was sie erreicht haben? Und die wichtigste Frage ist: Wie haben Sie es überhaupt geschafft?

Auch wenn sich manche Persönlichkeiten aus dem öffentlichen Leben, aus dem Sport, der Politik oder auch der Wissenschaft gerne so darstellen – nein, sie sind nicht von einem anderen Stern. Sie sind anders, machen etwas anders als andere, denken anders oder entscheiden anders.

Eines ist diesen Menschen, die von anderen beneidet und bewundert werden, jedoch gemein. Es ist, dass sie ihren eigenen Werten gefolgt und ihren individuellen Weg gegangen sind, bis sie schließlich an dem Punkt angekommen waren, an dem sie sich heute befinden. Und damit haben sie sich bereits ein Alleinstellungsmerkmal geschaffen, denn Mut und Engagement für die eigene Sache sind durchaus nicht selbstverständlich, im Gegenteil, diese Eigenschaften sind nur noch sehr selten anzutreffen. Und warum ist das so? Weil wir in der heutigen Gesellschaft den Meinungen und Bewertungen der anderen einen so hohen Stellenwert einräumen, dass wir uns selber darüber hinaus vergessen. Wir wollen nicht auffallen und stattdessen lieber unbemerkt in der großen, grauen Masse verschwinden.

Jeder, der etwas Außergewöhnliches tut, wird auch immer auf die Personen treffen, die dies nicht verstehen und sogar verurteilen. Menschen, die im Network-Marketing tätig sind, wissen, dass sie anfänglich eher kritischen Vorurteilen gegenüberstehen, als dass ihnen anerkennend auf die Schulter geklopft wird. „Wenn das so funktionieren würde, würde es doch jeder machen.", „Warum machst Du nicht etwas Vernünftiges?", „Damit kann man doch keinen Lebensunterhalt bestreiten!". Die Liste könnte unendlich weitergeführt werden. Doch was steckt nun hinter all diesen düsteren Zukunftsvorhersagen? Machen sich die anderen einfach nur Sorgen um unser Wohlergehen? Nein, das ist es nicht. Vielmehr ist es eine Mischung aus Unwissenheit und der heimlichen Angst, dass es doch funktionieren könnte. Kein Mensch sagt gerne: „Hätte ich das doch nur auch gemacht!"

Liest man sich den Werdegang berühmter Sportler, Musiker und anderer Größen aus der modernen Welt durch, so findet man beinahe ausnahmslos diese ungewöhnlichen Lebenswege. Wir sind sicher, dass die Eltern nicht begeistert waren, als deren Sprössling die Schule abbrach, um sich voll und ganz der Musik zu widmen. Nicht viel besser reagierte das Umfeld des sportlichen Jungen, der sich ausschließlich auf seine Karriere als Fußballer konzentrieren wollte. Ebenso wird die Familie kaum ein Freudenfest veranstaltet haben, als ihre Tochter anstelle eines Studiums lieber den Weg ins Network-Marketing gewählt hat. Die Widerstände, auf die diese Personen getroffen sind, waren gewiss riesig. Trotz alledem sind sie ihren Weg gegangen, haben ihre Träume verwirklicht. Sie wollten einfach ihr Leben leben. Die, die es geschafft haben, werden heute bewundert. Und plötzlich zeigen sich all die alten Skeptiker und Schlechtredner und wollen sich in deren Erfolg sonnen. Nur jetzt hört man den Satz: „Ich habe ja schon immer gewusst, dass er/ sie es schafft!"

So ist es auch im Network-Marketing. Wenn Du beschließt, Deinen eigenen Weg zu gehen, dann bist Du auch bereit dazu, erfolgreich zu werden. Dir sollte klar sein, dass Du dies nicht schaffen kannst, wenn Du den Weg beschreitest, den bereits Millionen anderer Menschen ebenfalls vor Dir gegangen sind. Insofern gilt es zu überlegen, warum Du überhaupt einer der Auserwählten sein solltest, der es schaffen kann, mit seinem individuellen Weg sein Leben nach den eigenen Vorstellungen zu gestalten und dabei auch noch glücklich und erfolgreich zu werden.

Das entscheidende Stichwort lautet Individualität. Sei Dir bewusst, dass Du absolut einzigartig bist. Auf diesem Planeten gibt es keinen, der Dir gleich ist. Du verfügst über eine einzigartige Mischung aus Potenzialen, Talenten und Neigungen. Diese spezielle Mixtur, diese besondere DNA, bietet Dir die Möglichkeit, Deine Einzigartigkeit für den Erfolg zu nutzen. Bist Du Dir Deiner Stärken bewusst und dazu noch bereit, Deine Potenziale zu erkennen und voll auszuschöpfen, so wird es niemanden geben, der sich Dir langfristig in den Weg stellen kann.

Natürlich ist dies recht leicht gesagt, denn in uns Menschen schlummern Ängste, die uns zurückhalten, manchmal sogar lähmen. Zu allem Überfluss sitzt dann auch noch dieses kleine Teufelchen auf der Schulter, das bei jeder sich bietenden Gelegenheit sagt: „Das schaffst Du sowieso nicht." Und genau hier findet sich der Ansatz Deiner Erfolgsreise. Du musst das, was Dich hemmt, zu Deinem Unterstützer machen. Bitte was? Richtig gehört, programmiere Dich selbst um. Unser Körper und unser Geist bieten hierfür die besten Voraussetzungen.

Vielleicht hast Du schon einmal etwas über die Kraft des Unterbewusstseins gelesen. Hier gibt es viel informative Lektüre von Menschen, die sich wesentlich besser damit auskennen, als wir es tun. Deshalb begnügen wir uns mit den wesentlichen Fakten. Wenn Du Dich entscheidest, Dein Unterbewusstsein zum Treiber Deines Erfolges zu machen, so musst Du es sanft umprogrammieren. Das Teufelchen auf der Schulter wird nach und nach verschwinden, wenn Du es mit positiven Assoziationen überlistest. Wenn es dir beispielsweise sagt, dass Du niemals erfolgreich werden wirst, so entwirf in Deinen Gedanken ein Bild, das Dich zeigt, wenn Du es bereits geschafft hast. Schärfe dieses Bild, füge Details hinzu. Und dann rufe es Dir immer wieder ins Gedächtnis, gebetsmühlenartig, jede Nacht vorm Schlafengehen, jeden Morgen bei der ersten Tasse Kaffee. Lasse dieses Bild zu einem festen Begleiter werden und es wird sich in Deinem Unterbewusstsein ausbreiten und nicht mehr zu verbannen sein.

Da unser Unterbewusstsein so beschaffen ist, dass es zum einen keine negativen Vorgaben aufnehmen kann („Ich rauche nicht mehr”), sondern nur auf positive Signale reagiert („So sehe ich als Nichtraucher aus”), zum anderen am stärksten auf Bilder reagiert, wirst Du nach einiger Zeit eine Veränderung Deiner Einstellung und Deiner Überzeugung feststellen. Dein Unterbewusstsein wird sich darauf ausgerichtet haben, Deinen Erfolg, dessen Bild es immer wieder aufgenommen hat, mit allem anzustreben, was in ihm steckt. Das kleine Teufelchen wird leiser und leiser und verschwindet schließlich ganz. Stattdessen erscheint ein kleines Engelchen, das Dir leise immer wieder zuflüstert: „Du schaffst das!”

So viel zur Engelchen-/Teufelchen-Theorie. Möchtest Du herausfinden, was Dich besonders macht und worin Deine Einzigartigkeit besteht, dann beantworte bitte die folgenden Fragen.

Dabei geht es darum, dass Du Dir bewusst Gedanken über Dein Handwerkszeug machst, dass die Basis für Deinen Erfolg bildet. Beantworte die Fragen so ehrlich, wie Du kannst. Schließlich geht es nur um Deine Person, Deine Einstellungen und um Deine Zukunft.

Wer hat bereits das erreicht, was Du erreichen willst?

Wie hat diese Person es geschafft, an diesen Punkt zu gelangen?

Was kannst Du besser als viele andere?

Was macht Dich einzigartig?

Wie sieht Dein persönliches Bild aus, wenn Deine Wünsche in Erfüllung gegangen sind?

Kapitel 4
Bereit zum Durchstarten

Ein Team ist nur so stark wie sein Spirit

Bisher hast Du einiges darüber gelesen, wie Du Dir Deiner Stärken und Potenziale besser bewusst werden und was Du alles damit erreichen kannst. Außerdem hast Du erfahren, dass es ausgesprochen wichtig ist, beim Einstieg ins Network-Marketing den richtigen Mentor an Deiner Seite zu haben. Dieser soll Dir all das zeigen, was Dich erfolgreich machen kann und was auch ihn erfolgreich gemacht hat. Das Wichtigste dabei ist, dass er es gerne tut, dass er Dich gerne begleitet, unterstützt, coacht und voranbringt. Er besitzt einen so hohen fachlichen Vorsprung, dass Du von seinem Know How profitieren kannst.

Welche Erfahrungen hast Du in dieser Beziehung gemacht? Denke für einen Moment einmal an Vorgesetzte, die Dir in Deiner beruflichen Laufbahn bisher begegnet sind. Vielleicht hast Du dabei schon sehr unterschiedliche Typen erlebt. Hattest Du einen dieser Vorgesetzten, denen niemals ein Lob über die Lippen kam und der gute Arbeit immer für selbstverständlich genommen hat? Neigten diese Chefs auch dazu, Deine Ergebnisse lediglich dann zu be- und verurteilen, wenn Du einen Fehler gemacht hattest? Oder ist Dir schon einmal ein Chef begegnet, der stets und ständig vorausgesetzt hat, dass Du alles wissen und können musst, was er von Dir erwartet? Oder einer von der Gattung, der Dir so gut wie keine Informationen zukommen ließ, weil er Dich bewusst unwissend halten wollte, damit Du ihm nicht gefährlich werden konntest?

Sollte Dir einer dieser Vorgesetzten in dieser oder einer ähnlichen Form schon einmal über den Weg gelaufen sein, dann weißt Du, was Du *nicht* mehr haben willst. Wie wäre es, wenn Du einen „Chef" hättest, der Dich am Wochenende zu einem Hoffest einlädt? Einem, dem es wirklich daran gelegen ist, Dich weiter zu entwickeln und Deine persönlichen Potenziale voll auszuschöpfen. Jemand, der Deinen Erfolg beflügeln will. Hört sich das nach einer Fantasie an? Vielleicht, aber im Network-Marketing stellt das die Realität dar und trägt nebenbei auch noch wesentlich zum persönlichen Vorankommen bei. All das bietet Dir ein guter Mentor.

Solltest Du Dich nun entscheiden, ins Network-Marketing einzusteigen, so ist es wichtig, dass zwischen Dir und Deinem Sponsor die passende Chemie herrscht. Ihr müsst Euch verstehen, akzeptieren und Euch über Eure gemeinsamen Erfolge freuen können. Es gibt einen sehr schönen Satz, der beschreibt, wie das Zusammenspiel zwischen Beziehungen und Erfolg funktioniert: „Erst stimmt die Chemie zwischen den Menschen, und dann stimmen auch die geschäftlichen Zahlen." Wir haben gelernt, dass in diesem Satz ausgesprochen viel Wahrheit steckt. Auch wenn jeder einzelne von uns eigenständiger Unternehmer ist, so bilden wir doch ein harmonisches und schlagkräftiges Team, das in seiner Gemeinschaft ausgesprochen erfolgreich agiert. Wir legen viel Wert darauf, dass wir alle voneinander lernen und uns gegenseitig weiterbringen. Dass dies nur auf der Basis gegenseitigen Respekts, Akzeptanz und gemeinschaftlichen Miteinanders funktioniert, steckt in der Natur der Sache.

Erfolgsformel

Ein Team, das harmoniert, ist die beste Basis für Erfolg. Sorge für einen guten Teamspirit, dann bereitet Dir Deine Arbeit unendlich viel Vergnügen und es zahlt sich garantiert auch geschäftlich aus.

Wir prägten schon immer ein sehr gutes Geschäftsklima und eine ausgesprochen menschliche Arbeitsatmosphäre. Gemeinsam sprechen wir über Ergebnisse und entwickeln Strategien, mit denen wir noch erfolgreicher sein können. Natürlich analysieren wir auch, wenn etwas nicht gut funktioniert hat. Wir alle können daraus lernen und es beim nächsten Mal besser machen. Das vielleicht Wichtigste ist, dass wir unsere Erfolge gemeinsam ausgiebig feiern. Warum auch nicht, wir haben dafür gearbeitet und können uns deshalb auch gemeinschaftlich belohnen. Und wir wollen nicht zu denjenigen gehören, die Erfolge als Selbstverständlichkeit nehmen. Stattdessen sollen sie entsprechend gewürdigt und anerkannt werden.

Für uns beide ist es ein feststehender Fakt, dass diese Form der Zusammenarbeit der größte Beschleuniger für geschäftlichen Erfolg ist. Wir wollen und können gar nicht mehr anders arbeiten. Denn dann würde uns der Spaß und die Freude an dem, was wir tun, verloren gehen. Und außerdem würden wir dann von unseren Partnern und Freunden nicht mehr die vielen wunderbaren Geschichten hören, die beim Zusammenspiel von Mensch, Natur und Tier eben so passieren.

Ein tierisches Vergnügen

Wilfried:
Wenn man mit Menschen arbeitet, erlebt man auch schon einmal absurde Dinge. Menschen, die mit Tieren zusammenleben, bilden dabei bestimmt keine Ausnahme, im Gegenteil. Noch heute muss ich schmunzeln, wenn ich an einen Termin mit einem neuen Kunden denke, dessen Hund ich zum Essen eingeladen hatte. Bepackt mit meinen Proben stieg ich die Treppe bis zum vierten Stock hinauf, wo mich bereits ein junger Mann erwartete. Ich wusste, dass er eine Koryphäe im EDV-Bereich war, ein Spezialist, der wohl stundenlang über technische Dinge referieren konnte, ohne dass ich ein einziges Wort davon verstehen würde. Mein Respekt vor diesen Menschen ist ausgesprochen groß, beherrschen sie doch etwas, was sich für mich bestenfalls wie eine Sprache von einem fernen Planeten anhört.

Der Mann begrüßte mich freundlich und bat mich in seine Wohnung. Mir fiel auf, dass er offensichtlich von einer ausgeprägten Sammelleidenschaft befallen war. Und diese Sammelleidenschaft bezog sich auf jeden Gegenstand, den man sich überhaupt nur vorstellen konnte. Nachdem er in seiner Küche etwas Platz geschaffen hatte, setzten wir uns an seinen Tisch und ich traute meinen Augen kaum. Um uns herum war alles voller Hamster. Hamster über Hamster. Es war nicht möglich genau festzustellen, wie viele dieser kleinen Tierchen umherhuschten, herumsaßen oder irgendwelchen Unfug anstellten, dessen Grund wahrscheinlich nur Hamster verstehen können.

Irgendwann fragte ich den EDV-Experten, wie viele dieser Hamster er denn eigentlich besitzen würde. Er überlegte, bat mich dann, ihm doch in sein Schlafzimmer zu folgen, da dies der eigentliche Heimatort seiner Tiere wäre. Ich folgte ihm, nicht ohne einige überraschte Blicke auf die uns auf unserem Weg umgebenden Kartons, Kisten, Kabel, Festplatten, Tastaturen, etc. zu werfen. Als er dann die Tür zu seinem Schlafzimmer öffnete, dachte ich nichts weiter außer: „Fell. Überall Fell!"

Es war kaum noch etwas von dem eigentlichen Fußboden zu erkennen, denn eine unüberschaubare Menge von Hamstern trollte um uns herum. Mir war es zunächst ein Rätsel, wie der freundliche Tierbesitzer aus dem vierten Stock jeden Abend seinen Weg in sein Bett finden konnte, ohne dabei versehentlich auf den einen oder anderen Hamster zu steigen. Okay, er erklärte mir nebenbei, dass er im Wohnzimmer schlafen würde, was mir in Anbetracht der gegebenen Umstände mehr als sinnvoll erschien. Auf meine erneute Frage, wie viele dieser niedlichen Tierchen sich denn nun wirklich in seiner Wohnung befinden würden, konnte er keine genaue Antwort geben. Aber er schätzte, dass deren Anzahl irgendwo im Bereich von 300 Stück liegen müsste. 300 Hamster in der eigenen Wohnung! Respekt! Es gibt Momente, in denen ich mich einfach nur noch wundere. Trotzdem, der Hund, um den es bei meinem Besuch ja eigentlich ging, hat dann letztendlich doch noch sein Testessen bekommen.

Überhaupt musste ich mich in meiner „Zusammenarbeit" mit Tierbesitzern und deren Lieblingen an einige Dinge gewöhnen, die beim Umgang mit Menschen wenn nicht unbedingt einfacher, dann jedoch aber ungefährlicher sein könnten. Einmal besuchte ich einen Interessenten, von dem ich lediglich wusste, dass er sich für unser Hundefutter interessierte. Er hielt sich einen ausgewachsenen Dobermann und einen Rottweiler, wunderschöne Tiere, eine beeindruckende Mischung aus Eleganz und Kraft. Als ich den Weg am Zaun entlang zum Eingang ging, gesellten sich die Hunde zu mir und liefen interessiert neben mir am Zaun entlang. Einem Instinkt folgend streichelte ich über den Kopf des einen. Noch heute weiß ich, dass ich in diesem Moment das Gefühl hatte, in einem potentiellen Streitfall mit den Tieren der eindeutige Verlierer zu sein. Aber zum Glück war dies ja nicht der Fall.

Als wir es uns dann bei einer Tasse Kaffee gemütlich gemacht hatten, merkte der Hundebesitzer beiläufig an, dass mich seine Tiere scheinbar mögen würden – vielleicht auch nicht persönlich, so aber zumindest meinen Geruch. Ich fragte ihn, woran er dies festmachen würde. Er antwortete erstaunlich gelassen: „Weil sie noch beide Hände haben. Hätte einer der Hunde sie nicht gemocht, hätte er definitiv zugebissen – und zwar in ihre Hand, als sie die Tiere ungefragt gestreichelt haben. Das machen die halt so."

Erst auf der Heimfahrt wurde mir wirklich bewusst, wie ernst diese Aussage gemeint war. Ich blickte in diesem Moment etwas erleichtert auf mein Lenkrad, auf welchem sich meine beiden Hände befanden – und die waren noch voll funktionstüchtig.

Ärmel hoch für den Erfolg

Nach über 15 Jahren in unserer wunderbaren Branche ist es Zeit, einen Blick über die Schulter zu werfen und sich zu fragen, was eigentlich die Erkenntnisse waren, die man in dieser Zeit gesammelt hat. Es ist der Moment, an dem man beurteilen kann, welche Vorgehen funktioniert und zum Erfolg beigetragen haben. Und welche eben nicht.

Wilfried:
Ich war der 28. Vertriebspartner bei dem Unternehmen, dem Erika und ich noch heute die Treue halten. In dieser hochgradig expansiven Branche, in der immer mehr begeisterte Menschen ihre Zukunft sehen, in der Teams entstehen, die sich selbst duplizieren und vervielfältigen, war ich also einer der allerersten

Partner. Es war das zwischenmenschliche Miteinander, der gemeinsame Glaube an den Erfolg des Produktes und eine Menge Pioniergeist, die mich und die 27 übrigen Berater angetrieben haben. Zu dieser Zeit gab es nichts außer einem hervorragenden Produkt, einer Menge Euphorie und der Hoffnung, dass man auf das richtige Pferd gesetzt hatte. Die Begeisterung für das Unternehmen sollte sich im Laufe der folgenden Jahre vollends auszahlen.

Ich startete mit der angeblichen Gewissheit in die Branche, dass ich allein mit logischem Denken und Enthusiasmus die Welt erobern könne. Immerhin, so war ich überzeugt, ist das Grundprinzip sehr einfach zu verstehen: Große Hunde fressen viel – und sind deshalb meine persönliche Zielgruppe. Warum soll ich mich auch mit dem Verkauf von Kleinstmengen begnügen, wenn es da draußen die hungrigen Doggen und Schäferhunde gab, deren täglicher Futterbedarf um ein Vielfaches höher lag als bei den kleinen Hunden? Nicht böse gemeint, liebe Pinscher, Chihuahuas und Möpse, aber ich musste nun mal ans Geschäft denken.

Trotz dieser wohl durchdachten Erkenntnis konnte ich keine bahnbrechenden Erfolge erzielen. Vielleicht gab es eine Apathie zwischen den Besitzern großer Hunde und Menschen wie mir, die die hungrigen Tiere zu einem Festmahl einladen wollten. Aber die Lösung war viel einfacher. Ich agierte moneydriven, und das schienen meine potenziellen Kunden zu spüren. Oder stand es mir schon auf der Stirn geschrieben, dass ich etwas mehr an meinem Umsatz als an dem Wohl der Hunde und Katzen interessiert war? Ich musste meine Strategie ändern. Und in diesem Moment kam mir Erika zu Hilfe.

„Lass doch die kleinen Hunde nicht außen vor", riet sie mir. Offene Kritik an meinem Vorgehen, Zweifel an meiner Professionalität, eine offene Revolte meiner Frau in den eigenen vier Wänden! Vielleicht hätte ich gar nicht erst fragen sollen. Doch dann erklärte sie mir, dass hinter jeder Dame im Park, die mir mit ihrem Zwergpudel entgegenkommt und die ich normalerweise hätte unbeachtet von dannen ziehen lassen, ein Züchter stehen könnte, der den gesamten Hof voll mit verschiedensten Hunderassen haben und somit als Multiplikator meiner Bemühungen fungieren könnte. Zugegeben, diese Theorie hatte etwas für sich, erschien mir aber trotz allem doch weit hergeholt. Wie auch immer, ich hatte in meiner gemeinsamen Zeit mit Erika gelernt, ihre Sichtweisen zu überdenken und gegebenenfalls anzunehmen.

Nachdem ich begonnen hatte, den Ratschlag meiner Frau (erst einmal testweise) in der Praxis umzusetzen, stellten sich die ersten Erfolge ein. Zu meiner Überraschung zeigten sich viele Besitzer und Besitzerinnen kleiner Hunde ausgesprochen interessiert und nahmen meine Einladung gerne an. Und nach einer gewissen Zeit hatte ich noch eine weitere Erkenntnis, die mich noch viel mehr erstaunte: Einige meiner neuen Kunden mit den kleinen Vierbeinern waren so angetan von dem neuen Tierfutter, dass sie mir Empfehlungen aussprachen oder mich an ihren Züchter vermittelten, der im Nachhinein große Bestellungen bei mir abgab. Das Geschäft kam ins Rollen.

Aber es waren auch noch weitere Erfahrungen vonnöten, um wirklich geschäftlichen Erfolg erreichen zu können. Da das Herz des Network-Marketings aus der Gewinnung neuer Partner besteht, widmete ich mich fortan der Rekrutierung von Vertriebspartnern und deren Schulung und Qualifikation. Als Mentor und Führungskraft war es für mich unablässig, unsere neuen Berater intensiv zu betreuen und deren Erfolg zu fördern.

In unserem Wohnort hatten wir bereits regelmäßige Workshops und Seminare etabliert. Anfangs unterstützte mich unser Unternehmensgründer, indem er alle vier Wochen zu Produktschulungen in unser örtliches Hotel kam. Wir organisierten die Treffen, luden Interessenten und Berater ein und motivierten sie, ihrerseits Bekannte mitzubringen, so dass unser damals noch kleines Netzwerk schnell wuchs. Ich bildete mich weiter, indem ich alle seine Schulungen besuchte, und hielt mit ihm täglich telefonischen Kontakt. Ich sog alles Wissenswerte über die Produkte auf, wusste sehr bald über alle Anwendungsmöglichkeiten, über deren Herkunft, Hintergründe und auch über deren Geheimnisse Bescheid. Die Materie und die Produkte faszinierten mich ungemein und nachdem ich all die notwendigen Informationen gesammelt hatte, konnte ich nach einiger Zeit selber Seminare geben und Veranstaltungsräume füllen. Außerdem boten wir wöchentliche Workshops an, bei denen wir Themen, die in Zusammenhang mit dem Erreichen persönlicher Erfolge standen, ebenso erarbeiteten wie wir auch unseren Business-Dreisatz übten (unabdingbare Voraussetzung für den Erfolg in unserem Network), Provisionen errechneten, Aktivitäten besprachen und unsere Partner zu Ernährungsexperten für Hund, Katze und Pferd ausbildeten.

Aber natürlich muss ein Netzwerk, um eine gewisse Größe zu erreichen, die lokale Umgebung verlassen und weiter gefasst werden. So hatte ich frühzeitig einen Vertriebspartner in Sachsen gewonnen. Da ich als sein Mentor fungierte, war es unablässig, dass ich ihn zuweilen in seinem Wirkungsgebiet besuchte. Zusätzlich hatte ich auch einen meiner Neffen für die Zusammenarbeit in unserem Team begeistern können. Da er in Berchtesgaden wohnte, machte ich mich auch hier immer wieder auf den Weg, um ihn zu unterstützen. Bei aller Technik, die uns weltweit verbindet, ist die persönliche Zusammenarbeit doch noch immer Gold wert. Vertrauen schafft man, wenn man sich persönlich (und das heißt von Angesicht zu Angesicht) begegnet, sich in die Augen schauen und in der Körpersprache des Gegenübers lesen kann, wie offen, ehrlich und vertraut dieses Verhältnis ist. E-Mails, Videokonferenzen und Conference Calls haben ihre Berechtigung – aber sie können keinen persönlichen Kontakt ersetzen. Übrigens ist der Berater aus Sachsen inzwischen beinahe 80 Jahre alt – und vertreibt noch immer mit Begeisterung unsere Produkte.

Wenn ich zurückblicke, dann ist es uns gelungen, innerhalb von sechseinhalb Jahren in der Spitze unseres Marketingplans anzukommen – mit über 2.500 aktiven Vertriebspartnern und entsprechend qualifizierten Linien. Unter qualifizierten Linien versteht man Berater, die wir gewonnen und gefördert haben, die dann wiederum selbst neue Partner gefunden hatten, die erfolgreich mit unseren Produkten arbeiten. Warum wir alle davon etwas haben? Im Network-Marketing ist es gängig, dass die Mentoren am Erfolg ihrer Partner beteiligt werden. So zeigt sich die

Qualität des eigenen Engagements als Mentor im Nachhinein an einem guten passiven Einkommen, wenn man sich intensiv um seine neuen Partner gekümmert hat.

Wie war es uns gelungen, in diesem Zeitraum solch eine Anzahl von Beratern zu gewinnen? Der Weg dorthin, und dies mag auch Frischlingen in der Branche als kleiner Wegweiser dienen, führte über den Ursprung aller Erfolge im Network-Marketing: die eigene Namensliste, unser Kontakte-Universum. Das waren Menschen aus unserem persönlichen Umfeld. Wir sprachen sie an, fragten, ob sie an einer Mitarbeit interessiert sind. So kamen wir auf eine stattliche Anzahl potenzieller neuer Berater. Außerdem, und das mag sich heute antiquiert anhören, schalteten wir Printanzeigen in lokalen Zeitungen. Immerhin ist die Lektüre der Tageszeitung in vielen Regionen noch immer ein fester Bestandteil des täglichen Morgenrituals. Die Wirkung war phantastisch und wir erhielten 30 – 50 Anrufe, in Spitzenzeiten sogar 80 Anrufe pro Tag.

Zu Beginn machte ich tägliche Termine mit den Interessenten aus, die sich näher über das informieren wollten, was hinter der von uns angebotenen Aufgabe steckte. Der übliche Rhythmus war 9:00, 11:00, 14:00, 16:00 Uhr, manchmal zusätzlich auch noch ein Treffen um 20:00 Uhr. Schnell merkte ich dabei, wie zeit- und energieaufwendig eine solche Art der Einteilung war, nicht selten versetzte mich sogar ein Interessent. Deshalb änderte ich den Ablauf dahingehend, dass ich nur noch zwei Termine am Tag plante. Zu diesen erschienen dann immer fünf bis sieben Personen, was eine vollkommen eigene Dynamik entfachte und mir nicht nur ermöglichte, wesentlich mehr Besuchern das Geschäft zu präsentieren, sondern mir auch größeren zeitlichen Freiraum schaffte. Erika hatte für diesen Zweck informative und unterhaltsame Präsentationen erstellt. Anschließend führten wir mit jedem ernsthaft Interessierten Einzelgespräche und beantworteten alle aufkommenden Fragen ehrlich und offen. Viele wurden auf diesem Weg neue Berater. Heute schmunzeln Erika und ich oft darüber, dass beinahe all diese Treffen in unserer Küche stattfanden und zum Teil heute noch stattfinden. Allerdings ist die Küche inzwischen umgezogen. Wir können so mit Fug und Recht behaupten, dass die meisten unserer Berater „durch unsere Küche gegangen sind".

Erfolgsformel

Erfolg gleicht einem Marathonlauf. Er beginnt mit dem ersten Schritt, dem viele weitere folgen. Hast Du Deine ersten beiden Partner gefunden, so hilf ihnen, selbst zwei Partner zu finden und bringe ihnen bei, wie sie ihren Partnern helfen können, selbst Partner zu gewinnen.

Natürlich gab es mit der Zeit auch Interessenten, die zu weit entfernt wohnten und denen wir nicht den Weg zu unserem Haus respektive unserer Küche zumuten wollten. Es war Ehrensache, sie zu besuchen oder in einem Café oder einem Hotel in ihrer Nähe zu treffen. Immerhin hatten sie Interesse gezeigt und so war es an mir, ihnen auch die Informationen zu geben, die sie haben wollten.

Irgendwann, wenn Du eine gewisse Anzahl von Menschen für Deine Idee begeistert hast und diese wiederum andere Menschen mitreißen, entwickelt das Business eine beeindruckende Eigendynamik. Das bedeutet nicht, dass man sich zurücklehnen und einfach nur noch den Tag genießen sollte. Die Aufgaben ändern sich im Laufe der Zeit. War es anfänglich der Vertrieb von Produkten, so lag später das hauptsächliche Augenmerk auf der Gewinnung neuer Partner. Dies führte dann beinahe zwangsläufig an den Punkt, dass deren Training und Ausbildung zu Führungskräften in den Fokus rückten. Und genau hier befinden wir uns heute noch und kommen dieser Aufgabe mit Begeisterung nach.

Der Kampf gegen alte Gewohnheiten: Training und Vertrieb

Training, das ist ein ausgesprochen universelles Wort. Es begegnet einem inzwischen beinahe überall, oftmals in einer schwer nachvollziehbaren Vermischung mit Coaching, Mentoring und Supervision (wobei es sich bei all diesen Dingen um vollkommen verschiedene Vorgehensweisen handelt). Eigentlich kommt das Wort ursprünglich aus dem Sport, aber das war in Zeiten, in denen Fußball-Bundestrainer noch in Jogginganzügen an der Seitenlinie standen und deren Spieler im Kabinengang eine Halbzeit-Zigarette rauchen durften.

Wenn wir zukünftige und aktuelle Berater zu einem Training einladen, so dient dies dem Zweck, dass diese (und auch wir) ihr Know How ausbauen und ihre Erfahrungen austauschen. In ungezwungener Atmosphäre werden Themen behandelt, die zuvor von uns ausgearbeitet und in eine präsentierbare Form gebracht wurden. Dabei achten wir auf eine ausgewogene Mischung zwischen reiner Wissensvermittlung in gelockerter Atmosphäre und Erfahrungsberichten zur Eigenanalyse, denn schließlich wollen wir alle gemeinsam erfolgreich sein – da ist weder Druck noch einschläfernder Frontalunterricht angebracht.

Der Hauptzweck unserer Trainings ist allerdings, dass wir Menschen das ermöglichen wollen, was sie sich erträumen, die Erfüllung ihrer Träume und Visionen. Um diesem Ziel näherzukommen, müssen wir einen gewissen Effekt erreichen. Wir wollen die Denkweisen unserer Gäste optimieren. Wie bitte? Ja, wir wollen gewohnte, festgefahrene Denkstrukturen aufbrechen und erweitern. Um es ganz einfach zu sagen: Wir wollen bei unseren Teilnehmern den berühmten Aha-Effekt erzielen.

Am einfachsten lässt sich dies an einem Beispiel demonstrieren (und Du bist eingeladen, an der folgenden Aufgabe teilzunehmen). Wir fragen zum Beispiel unsere Berater während der Trainings, wie man einen Hundebesitzer überzeugen kann, das angestammte Futterverhalten seines Tieres zu verändern, wo dieser doch scheinbar gesund und zufrieden mit dem ist, was ihm seit Jahren vorgesetzt wird. Als zusätzliche Herausforderung steht auf unserer Verpackung mit Hundefutter auch noch ein höherer Preis. Eine harte Nuss, die unsere Berater da zu knacken haben. Hättest Du eine Idee, wie der Kunde bei diesen Voraussetzungen nachhaltig zu überzeugen wäre (und dabei sei angemerkt, dass Tierbesitzer sich im Normalfall nur sehr schwer von ihrem eingespielten Kauf- und Fütterungsverhalten entfernen)?

Wir wissen, dass der Preis in vielen Fällen eine große Rolle spielt, aber ebenso sind zwei weitere Punkte für den Kunden ausgesprochen wichtig, nämlich die Qualität und natürlich, ob sein Tier das Futter überhaupt mag. An diesem Punkt haben wir uns angewöhnt, Informationen über die Qualität, das außergewöhnliche Herstellungsverfahren und die Besonderheiten unserer Tiernahrung zu geben. Schließen wir mit der Frage ab, ob das bisher Gehörte für den Kunden interessant wäre, so folgt beinahe ausnahmslos dessen überzeugte Zustimmung.

Es liegt in der Natur der Sache, dass ein Produkt, welches man an den Mann oder eben an den Hund bringen will, auch einen „Belastungstest" bestehen muss. Dies ist der Moment, der uns allen am meisten Spaß macht. Hunde lieben unser Futter! Herrchen und Frauchen sind oftmals überrascht, mit welcher Begeisterung ihr Vierbeiner sich auf die Mahlzeit stürzt. Die Tiere sind unsere Verbündeten. Sie würden kaufen, wenn sie das Portemonnaie hätten.

Anschließend kommen wir auf den Preis für die Monats- beziehungsweise Tagesration zurück. Entscheidend dafür ist die Fütterungsempfehlung, die den ernährungsphysiologischen Wert des Futtermittels angibt. Und hier stellen die meisten Tierbesitzer fest, dass die jeweilige Dose mit unserem Produkt als Ganzes zwar hin und wieder teurer als ihr Vergleichsprodukt ist, aber auch nur in geringeren Mengen verfüttert werden muss. Somit sind wir in 80 Prozent aller Fälle eben doch nicht teurer als andere Futtermittelanbieter – jedoch qualitativ oft überlegen.

Sollten wir mit unserem Preis doch einmal höher liegen, bietet der Berater alternativ an, eine größere Dose zu erwerben, die man auf zwei Tage aufteilen kann. Da wir an langfristigen Kundenbeziehungen interessiert sind, steht für uns die Kundenzufriedenheit immer an erster Stelle – und genau deshalb finden wir auch immer eine individuelle Lösung. Und der Hund, der zuvor offensichtlich seine Zufriedenheit mit unserem Futter bewiesen hat, wird es Herrchen oder Frauchen danken.

Network-Marketing verstehen, bedeutet erfolgreich werden

Wurdest Du soeben Zeuge eines Ausschnitts des Vertriebstrainings für Berater, so können dabei vielleicht neu aufgetretene Erkenntnisse noch wesentlich erweitert und vertieft werden, denn wir sind jetzt an einem Punkt angelangt, an dem die vielen einzelnen Segmente, die Dir in diesem Buch bisher begegnet sind, ineinanderfließen. Wir befinden uns kurz davor, das Geschäftsmodell Network-Marketing als Basis für finanzielle Freiheit zu verstehen. Auch dies ist übrigens Bestandteil unserer Trainings für erfahrene Berater. Bereite Dich darauf vor, nun den Schritt in die Königsklasse zu gehen, denn Du wirst bald verstehen, was Network-Marketing Dir alles bieten kann.

Vielleicht hast Du Dich inzwischen insgeheim gefragt, ob man mit dem Vertrieb von Tierfutter (oder anderen Produkten) wirklich reich werden kann. Ehrliche Antwort: Nur sehr schwer! Und zu dieser Erkenntnis kommen produktübergreifend viele Neueinsteiger im Business und geben zum Teil frustriert auf. Aber das muss nicht sein, denn wir geben nur zu gerne unser Wissen darüber weiter, wie man den Goldschatz im Network-Marketing heben kann. Und auch hier bitten wir Dich, Dich in eine Situation hineinzuversetzen und Dir Gedanken darüber zu machen, was der richtige Weg wäre, mit dieser umzugehen.

Stell Dir vor, Du wärst ein neuer Partner in diesem Business. Das Geschäft ist noch recht neu für Dich und Du bist bereit, vieles zu lernen und Deine erfolgreiche Zukunft auf diesem Wege aufzubauen. Stell Dir vor, Du besuchst eine Kleinstadt. Dir gefallen die Fachwerkhäuser, die verwinkelten Gassen und die Menschen auf den sonnendurchfluteten Straßen. Plötzlich siehst Du einen gepflegten Hund auf der anderen Straßenseite, der folgsam an der Leine seines Besitzers dahintrottet. Was ist Dein Gedanke beim Beobachten dieses Mensch-/Tier-Gespanns?

Bitte notiere hier in Stichpunkten Deine Antwort:

Die meisten Besucher unserer Trainings bringen in diesem Fall sinngemäß folgendes zu Papier: „Diesen Hund würde ich gerne zum Essen einladen."

Stimmt diese Antwort in etwa mit Deiner überein? Dann gibt es an dieser Stelle einen Glückwunsch, allerdings nur einen sehr kleinen. Du hast richtig erkannt, dass in dieser Situation die Möglichkeit besteht, ein Geschäft anzustoßen und das Produkt, hinter dem Du stehst, gegebenenfalls zu vertreiben. Im Hinblick auf Deinen Wunsch, einmal finanziell unabhängig zu werden und Dein Leben nach Deinen Wünschen gestalten zu können, ist dies allerdings nicht der optimale Ansatz.

Vielleicht bist Du auch schon so weit in das Wesen von Network-Marketing eingedrungen, dass Dein Gedanke folgender ist: „Dort ist ein Herrchen mit seinem Hund. Mensch, habe ich in dieser Stadt eigentlich schon einen Vertriebspartner?"
Viel besser. Schließlich haben wir zuvor über die Königsklasse des Erfolges gesprochen, die Vervielfältigung der eigenen Arbeitskraft. Du denkst also nicht an den Einzelverkauf Deines Produktes, sondern richtest Deine Gedanken eher an der Struktur des Network-Marketings aus, was bedeutet, dass Dir auch die Einkünfte in den Kopf kommen, die Du hier über einen zusätzlichen Vertriebspartner in dieser Region generieren könntest. Immerhin, wenn er jetzt hier wäre, dann könnte er das Geschäft mit dem Hundebesitzer machen und Du würdest trotzdem verdienen. Gut gemacht, Dein Ansatz geht in die richtige Richtung. Aber es geht noch besser.

Du siehst die beiden auf der anderen Straßenseite. Als erfahrener Network-Marketer kommt Dir nicht (mehr) als erstes in den Kopf: „Ich will diesen Hund zum Essen einladen." Nein, inzwischen hast Du dazugelernt und instinktiv kommt Dir der Gedanke:
„Ich will dieses Herrchen (oder Frauchen) zum Geldverdienen einladen."

Du überquerst die Straße und sprichst die Person freundlich an: „Mensch, Sie haben einen tollen Hund dabei. Wissen Sie, ich arbeite im Premiumsegment der Tiernahrungsbranche und bin derzeit dabei, mein Geschäft hier zu erweitern. Deshalb frage ich Sie einfach, ob es für Sie interessant ist, als Hundebesitzer mit Ihrer Liebe zum Tier etwas dazu zu verdienen?"

Ist Dir aufgefallen, dass hier ein komplett konträrer Ansatz zugrunde liegt? Es wird nicht mehr der Hund zum Essen eingeladen (was ja bereits eine relativ erfolgreiche Herangehensweise war), sondern Herrchen oder Frauchen zum Geld verdienen. Die Erkenntnis wäre, dass Kunden nicht automatisch Partner werden, Partner jedoch automatisch Kunden sind. Im Network-Marketing vertreiben wir Produkte über ein großes Netzwerk von Partnern. Damit sind wir tief in das Verständnis dieses Business eingedrungen. Den Verdienst, den Du für Deine finanzielle und persönliche Unabhängigkeit anstrebst, erreichst Du über die Menge und die Güte Deiner unabhängig von Dir arbeitenden Partner, denn sie sind diejenigen, die Dir ein passives Einkommen generieren. Je besser Du sie geschult, betreut und beraten hast, umso besser funktioniert auch Dein Business, denn Dein Erfolg steht in direkter Abhängigkeit zu der Auswahl und der Qualität Deiner Partner. Hast Du sie hervorragend geschult und trainiert, so danken sie es Dir mit einer Vielzahl guter Geschäfte, an denen Du profitierst. Das heißt natürlich nicht, dass Du Deine Produkte stiefmütterlich behandeln oder völlig außer acht lassen sollst. Immerhin bilden sie das starke Fundament, auf dem Deine gesamte Geschäftsidee basiert. Ab einem gewissen Punkt solltest Du mental jedoch so weit sein, den nächsten großen Schritt zu gehen. Hat sich dieses Denken erst einmal fest in Deinem Kopf etabliert, wirst Du überrascht sein, wie gut es praktisch funktioniert, denn viele überzeugte Tierbesitzer denken insgeheim: „Das Produkt gefällt mir so gut, warum biete ich es dann nicht in meinem Bekanntenkreis an? Immerhin tue ich ihnen und ihren Tieren damit einen wirklichen Gefallen."

Erfolgsformel

Betreibe Network-Marketing mit Liebe für Deine Produkte.
Das ist die Basis für alles.
Die finanzielle Unabhängigkeit jedoch wirst Du nur durch den Aufbau eines erfolgreichen Partner-Netzwerks erreichen.

Als kleiner Hinweis aus praktischer Erfahrung sei Dir auf Deinem Weg mitgegeben, dass sich Dein Auftreten und Deine Ausdrucksweise ändern, wenn Du Dir vorgenommen hast, zu expandieren. Hat sich dieser Gedanke erst einmal fest in Deinem Kopf manifestiert, so passen sich Deine Handlungen, Vorgehens- und Verhaltensweisen diesem Vorhaben an. Es wird Dir helfen, nunmehr nicht nur Kunden zu finden, sondern auch viele neue Geschäftspartner. Und damit hast Du eine weitere große Klippe Richtung Erfolg übersprungen und kommst Deinem Ziel immer näher.

Die Reise zu Ebene 5

Wie Du zuvor gelesen hast, ist uns viel daran gelegen, anderen Menschen dabei zu helfen, sich die Wünsche für ihr Leben aus eigener Kraft erfüllen zu können. Nun mag das für manchen vielleicht etwas anmaßend, ja vielleicht sogar arrogant klingen, dass wir uns dafür für befähigt halten. Was gibt uns die Gewissheit, dass wir das überhaupt können?

Diese Frage haben wir uns zugegebenermaßen schon selbst gestellt und sind dabei zu dem Ergebnis gekommen, dass wir deshalb unterstützen können, weil wir selbst gelernt haben, wie man sich auch unter schwierigen Voraussetzungen die eigenen Träume erfüllen kann. Und wir haben genug Menschen dabei begleiten dürfen, wie sie es ebenfalls geschafft haben. Warum sollten wir diese wunderbaren Erkenntnisse für uns behalten?

Wenn man über Träume oder Wünsche spricht, so ist es hilfreich, wenn man zuerst einen Blick darauf wirft, an welchem Punkt seines Lebens man sich gerade befindet. Hierfür gibt es Hilfsmittel, die einem diese Bestimmung erleichtern. Gewiss ist Dir in diesem Zusammenhang schon einmal der Ausdruck „Maslowsche Bedürfnispyramide" begegnet.

Alle Menschen auf diesem Planeten haben eines gemeinsam: Sie werden von den gleichen Grundbedürfnissen angetrieben. Der amerikanische Psychologe Abraham Maslow hat in seiner Theorie die Struktur menschlicher Motivationen und Bedürfnisse beschrieben und sie in fünf Ebenen aufgeteilt. Versuche doch einmal, Dich selbst einzuordnen, damit Du die Ausgangssituation, von der aus Du Deinen Erfolgsweg starten willst, besser erkennst.

Die unterste Stufe dieser Pyramide bildet die Absicherung der Grund- und Existenzbedürfnisse. Dahinter steht nach Maslows Erklärung alles, was der Selbsterhaltung des Lebewesens dient. Dies beginnt mit Sauerstoff, Nahrung und setzt sich unendlich fort. In unserem Fall bezeichnet dies einfach gesagt alles, was den Menschen am Leben erhält. Wenn diese Ebene nicht gesichert ist, dann macht man sich natürlich auch ausgesprochen wenig Gedanken darüber, was man noch alles zusätzlich angehen will, um glücklich zu sein. Man kämpft erst einmal um das blanke Überleben. Wir hoffen inständig, dass Du über diese Ebene hinaus bist und Dich selbst in einer höheren Eingruppierung wiederfindest.

Sind Deine Überlebensbedürfnisse abgesichert, so folgt in der zweiten Stufe das menschliche Bedürfnis nach Sicherheit. Wir Menschen neigen nun einmal dazu, unserem Leben und auch unserem Alltag eine gewisse Stabilität verleihen zu wollen. Wir wollen unsere Existenz in gesicherter Ordnung wissen. Wir versuchen dieses Bedürfnis zum Beispiel damit zu befriedigen, indem wir uns in ein angeblich sicheres Arbeitsverhältnis begeben, bei dem wir zu wissen glauben, dass am Ende eines jeden Monats ein Gehalt auf unser Konto kommt, welches sicherstellt, dass wir nicht zurück in Stufe Eins abrutschen. Denken wir einmal genauer nach und stellen dabei fest, dass uns beim Verlust dieser Arbeit diese finanzielle Sicherheit genommen wird, beginnen sofort nervenzehrende Existenzängste.

Viele Menschen neigen dazu, sich „Beschützer" zu suchen. Dies kann der starke Partner sein, an dessen Seite man sich sicher fühlt. Es kann aber auch das Beamtentum sein, bei dem sich viele für die Sicherheit durch den Kündigungsschutz entschieden haben und dafür manchmal sogar den Preis der Unterforderung und der Langeweile zahlen. Dies trifft natürlich nicht auf alle beteiligten Berufsgruppen zu, die im Beamtenstatus tätig sind, aber einigen liegt die Absicherung näher als die Abwechslung.

Interessant ist in diesem Zusammenhang der Blick auf die Prototypen dieser Bedürfnisebene: Menschen, die unter Zwängen leiden. Sie sind verzweifelt bemüht, durch Regeln und Rituale ihre Welt zu ordnen und sie zu stabilisieren. Diese Personen folgen ihrem inneren Druck, alles verschwinden zu lassen, was unbekannt und unerwartet ist.

Maslows Forschungen zufolge bilden die dritte Ebene, also die Stufe, die ein Mensch erreicht, nachdem er die beiden anderen Stufen abgesichert hat, die sozialen Bedürfnisse. In diese Kategorie fallen alle Arten von sozialen Beziehungen wie zum Beispiel Freund- und Partnerschaften, das Finden der eigenen Rolle in sozialen Gruppen und die Liebe. Ein Mensch kann ohne diese Dinge überleben, wenn er die Stufen 1 und 2 abgedeckt hat, aber findest Du nicht auch, dass ohne soziale Kontakte das Leben ziemlich traurig und einsam wäre?

Wer zu den glücklichen Menschen gehört, die auf dieser Ebene Bestätigung erhalten, der beginnt im Normalfall, nach Anerkennung und Wertschätzung zu streben (Ebene 4). Was aber genau verbirgt sich dahinter? Zum einen ist es der Wunsch, unabhängig und frei zu sein. Die eigenen Grundbedürfnisse sind abgesichert, die soziale Stellung muss nicht mehr erkämpft und der Partner/ die Partnerin nicht mehr gefunden werden. Also ist man bereit dafür, die eigenen Ziele auf Erfolg auszurichten – und arbeitet hart daran, seine mentale (und zum Teil auch die körperliche) Stärke auszubauen. Unser Prestige erfährt plötzlich eine ausgesprochene Wichtigkeit.

Auch hier ein anschauliches Beispiel: Stelle Dir einmal vor, Du machst einen Spaziergang durch den Park. Plötzlich fällt Dir ein Mann auf, die zusammengekauert und eingerollt auf einer Bank schläft. Er trägt zerlumpte Kleidung, viele Lagen übereinander und die hohen Temperaturen an diesem schönen Sommertag scheint er nicht im Geringsten wahrzunehmen. Augenscheinlich handelt es sich bei dieser Person um einen Obdachlosen. Es fällt nicht schwer herauszufinden, auf welcher Bedürfnisebene sich diese bedauernswerte Person befindet. Er kämpft jeden Tag aufs Neue um sein Überleben, hat also Stufe Eins nicht verlassen. Und das erklärt nur zu gut, warum ihm vollkommen egal ist, welches Ansehen er in seiner Umwelt genießt. Er schert sich nicht um sein Prestige, denn seine Selbstachtung ist weit hinter dem Überlebensmechanismus zurückgeblieben.

Kommen wir zur höchsten Stufe der menschlichen Bedürfnispyramide: die Selbstverwirklichung. Wenn man alle vorherigen

Ebenen in seinem Leben abgesichert und befriedigt hat, dann erwacht der Wunsch und der innere Drang, das eigene Potenzial auszuschöpfen. Man will die Person werden, die man aufgrund der eigenen Anlagen wirklich ist. In der Praxis kann dies die verschiedensten Formen annehmen. So kann die eigene Veranlagung dafür ausgelegt sein, ein Sportler zu sein, ein Erfinder, eine gute Mutter, ein Schriftsteller, Musiker…. Hauptsache, man verwirklicht sich selbst und wird zu dem Menschen, der man wirklich ist.

Ist es Dir gelungen, Dich selbst in eine der Ebenen einzugruppieren? Bist Du dabei, die Faktoren Sicherheit und Stabilität in Deinem Leben abzusichern oder beschäftigst Du Dich bereits gedanklich hauptsächlich damit, Dein Bild in der Öffentlichkeit zu perfektionieren? Egal, wo Du Dich dabei wiedergefunden hast, sei nicht enttäuscht, wenn es noch nicht zur obersten Stufe der Selbstverwirklichung reicht. Forschungen zufolge sind es gerade einmal zwei Prozent der Erdbevölkerung, die diese Ebene dauernd erklommen haben. Alle anderen finden sich in einer der darunter befindlichen Stufen, wobei es auch immer wieder zu einem Wechsel zwischen den Ebenen kommen kann.

Nun hat der gute Herr Maslow bei seinen Forschungen leider keine Anleitung beigefügt, wie man geschmeidig durch die verschiedenen Bedürfnisse springt und eine Stufe nach der anderen nimmt. Es ist an jedem selbst, die eigenen Wünsche und Vorstellungen zu verwirklichen.

Blicken wir, Erika und Wilfried, selbst auf unser Leben, so tun wir dies gerne mit einem Blick auf die Bedürfnispyramide. Wir sind in der glücklichen Lage, dass wir uns nicht darum sorgen müssen, ob wir morgen noch etwas zu essen haben und leben in einem Land, das seit langem von Kriegen verschont ist. Haben uns in der Kindheit unsere Eltern versorgt, so tun wir dies seit Jahrzehnten aus eigener Kraft. Es mangelt uns an nichts, und somit machen wir uns für die eigene Familie keine Gedanken mehr um die erste Ebene. Gott sei Dank!

Wie sieht es mit Ebene 2 aus, dem Bedürfnis nach Sicherheit und Stabilität? Auch wenn wir ausgesprochen freiheitsliebend und unabhängig sind, so sind diese Bedürfnisse natürlich auch in uns verankert. Durch das Zusammenleben mit einem gehandicapten Sohn sind wir dazu gezwungen, gerade diese zwei Faktoren sicherzustellen und unserem Kind zu bieten. Wir können von Glück sagen, dass Network-Marketing uns ermöglicht, dies sowohl finanziell als auch zeitlich sicherstellen zu können. Was bei anderen Tätigkeiten zu einem Problem erwachsen könnte, können wir so beinahe im Vorbeigehen bieten.

Auch in der dritten Ebene wird uns immer wieder bewusst, wie sehr uns Network-Marketing bei der Befriedigung unserer Bedürfnisse hilft. Natürlich haben wir auch Bekannte und Freunde außerhalb des Business, aber die Menge an phantastischen Menschen, die wir durch unsere Arbeit dazugewonnen haben, ist beinahe grenzenlos. Es sind die vielen Geschäftspartner, mit denen wir ein ausgesprochen freundschaftliches Verhältnis pflegen und natürlich sind es auch Kunden, bei denen aus früheren Berater-Kunde-Verhältnissen inzwischen Beziehungen entstanden sind, die herzlich und freundschaftlich sind.

Dann stellt sich die Frage danach, ob wir nach Anerkennung und Wertschätzung streben und uns damit auf Stufe 4 befinden. Um ehrlich zu sein, ja, das tun wir. Wir haben den Wunsch, dass wir verstanden werden. Wir haben den Wunsch, dass unser Tun akzeptiert und anerkannt wird. Wir hoffen, dass auch der Letzte versteht, dass wir in einem hochmodernen Sektor arbeiten, in dem Menschen wirklich frei und glücklich werden können. Wir wollen, dass diese Anerkennung so stark wächst, dass sich immer mehr Menschen mit dem Traum nach finanzieller Unabhängigkeit und persönlicher Freiheit uns anschließen und diesen Weg ebenso wie wir beschreiten. Es ist unser Wunsch, dass dies verstanden und akzeptiert wird.

Wir befinden uns also noch immer auf der Reise, arbeiten an unserem Ziel, eines Tages die Lebensinsel ganz nach unseren Vorstellungen zu verwirklichen. Auf diesem Weg nehmen wir viele andere mit und unterstützen sie dabei, ebenfalls erfolgreich zu werden und ihre persönlichen Wünsche Wirklichkeit werden zu lassen.

Ausbrechen aus herkömmlichen Konventionen

Ist das Leben nicht schön? Das ist nicht nur der Titel eines wunderschönen Filmklassikers mit James Stewart, sondern es stimmt tatsächlich. Das Leben, also die Zeit, die uns zwischen Geburt und dem finalen Biss ins satte Gras bleibt, bietet unendlich viele Möglichkeiten, sich sein Dasein so angenehm wie nur möglich zu gestalten. Eigentlich, so denken zumindest wir, kann man gar nicht anders, als glücklich zu sein. Warum aber sind es die meisten Menschen, die man fragt, dann eigentlich nicht?

Der hauptsächliche Grund hierfür mag sein, dass diese Personen sich nur allzu leicht in eine Form eingepasst haben, die ihnen von der Gesellschaft und ihrem eigenen Umfeld vorgefertigt wurde. Sie wurden „einkonditioniert", denn die Art, wie die meisten Menschen leben, entspricht nicht wirklich ihren persönlichen Vorstellungen, ist dafür jedoch gesellschaftlich akzeptiert. Sie vermeiden es, sich Gedanken über das zu machen, was sie wirklich wollen und dem, was sie in der Praxis letztendlich tun. Wenn Du auch einen Alltagstrott lebst, der Dir eigentlich gar nicht gefällt, freuen wir uns, wenn Dich unser Buch zum Nachdenken anregt. Würdest Du Dich nicht lieber frei entscheiden, wie Dein Tag aussehen sollte? Würde es nicht viel schöner sein, selbst zu bestimmen, wann und wie Du etwas tust?

Wenn Du Dir diese Gedanken gemacht hast, dann wirst Du vielleicht sagen: „Ja, es wäre schön, anders leben zu können. Wer will nicht frei sein und sich nicht nach den Vorgaben anderer richten müssen?" Aber gleichzeitig denkst Du, dass das gar nicht möglich ist (wahrscheinlich ist es das kleine Teufelchen auf Deiner Schulter, das Dir das vorgaukelt). Lass Dir gesagt sein: Es ist möglich! Und Du kannst in diesem Moment damit beginnen, Dein Leben nach Deinen Vorstellungen zu leben. Was Du dafür benötigst, ist Mut und Überzeugung. Freiheit zu leben bedeutet einen Kraftaufwand.

Sehen wir einmal auf das, was uns wichtig ist. Natürlich ist es unser Wohlergehen und das unserer Kinder. Darüber hinaus liegen uns die Umwelt, die Ökologie und die nachhaltige Landwirtschaft am Herzen. Dafür treten wir ein, dafür suchen und finden wir Mitstreiter. Und damit haben wir uns auch Gegner geschaffen. Haben wir Angst vor denen? Nein, denn wir sind vollkommen überzeugt, auf dem richtigen Weg zu sein. Also können sie uns nicht wirklich bekämpfen, zumindest nicht mit der Wahrheit. Und wir haben das beruhigende Gefühl, dass wir für das einstehen, was uns wichtig ist. Jeder kann die Welt ein Stück besser machen. Wir tragen unseren Teil dazu bei. Wir leben unser Leben und unsere Überzeugungen. Natürlich machen wir nicht alles richtig und ecken hier und da an, aber wir können mit Fug und Recht behaupten, dass wir uns nicht verbiegen. Das ist ein großartiges Gefühl und steht unserem Erfolg nicht im Weg. Im Gegenteil, dieser Erfolg wurde eigentlich nur möglich, weil wir beide sagen können: „I did it my way."

Es gibt noch einen weiteren Punkt, der uns wichtig ist und für den es sich zu streiten lohnt. Wir sind überzeugte Kämpfer für die persönliche Freiheit. Dies mag sich hochtrabend anhören, bildet jedoch die wirkliche Basis unseres Lebens. Wir haben gelernt, dass die meisten Leben fremdbestimmt verlaufen, denn wir sind selbst durch diese Phasen gegangen. Auch wir waren über viele Jahre angestellt, haben uns den täglichen Rhythmus vorgeben lassen und sind dem gefolgt, was der Arbeitgeber zur Erreichung seiner Ziele von uns verlangt hat. Anweisungen ausführen, Arbeitszeiten befolgen, Pausen einhalten - all das schien normal zu sein, weil es ja so viele Menschen machen und weil man am Ende des Monats dafür ein Gehalt erhielt. Dieses Modell funktioniert natürlich - wenn man nicht darüber nachdenkt und von seinem Leben nicht sonderlich viel erwartet.

Wir blicken trotzdem gerne auf die Zeit zurück, die wir bei unseren damaligen Arbeitgebern verbracht haben. In diesen Jahren haben wir ausgesprochen viel lernen dürfen, wofür wir bis heute froh und dankbar sind. Unsere Positionen erlaubten uns, viel Kreativität in unsere Tätigkeit einfließen zu lassen. Nicht zu vergessen ist hier auch der Spaß, den wir mit Kollegen und Vorgesetzten hatten, keine Selbstverständlichkeit, aber wir haben uns immer in unserem beruflichen Umfeld wohlgefühlt und wollen diese Zeit nicht missen. Auch wurden wir im Vergleich zu anderen Angestellten sehr gut bezahlt. Leider traten einige dieser Vorzüge irgendwann in den Hintergrund und stattdessen stieg der Stresslevel stetig an.

Wir hatten das große Glück, dass wir Network-Marketing entdecken durften. Wir tauchten in diese faszinierende Welt ein und erhielten so eine persönliche Freiheit, wie wir sie aus unseren Zeiten im Angestelltenverhältnis nicht kannten. Es ist faszinierend, wie schnell man an den Punkt gelangt, an dem man sich selber fragt: „Wie konnte ich über so viele Jahre nicht sehen, dass mein Leben nicht von mir selbst bestimmt wird."

Wir haben mit Network-Marketing ein Business gefunden, in dem wir unsere Überzeugungen leben können. Je mehr Mitstreiter wir finden, desto kraftvoller und stärker wird unsere Gemeinschaft. Die Botschaft, die wir mit ihnen nach außen tragen, ist deutlich: „Wir sind der Anti-Pol zum Mainstream!". Im gesellschaftlichen Sinne bedeutet dies natürlich auch, dass man sich gegen Gewohnheiten, festgefahrene Verhaltensweisen und Denkmuster wendet. So what?

Spricht man davon, dass jemand aus den herkömmlichen Konventionen ausgebrochen ist, so hört sich dies in unserer Gesellschaft beinahe wie ein Verbrechen an. Stirnrunzelnd bricht man den Stab über dieser Person und denkt sich: „Na ja, seltsam war er/sie ja schon immer." Doch ist es nicht auch der Neid, der aus diesen Menschen spricht? Hegen wir nicht insgeheim den Wunsch, selbst auszubrechen und uns unser Leben nach unseren eigenen Wünschen zu gestalten? Haben wir in solchen Momenten nicht sogar ein wenig Angst davor zu sehen, dass es dieser Person gelingt, auf seine persönliche Art glücklich zu werden? Hier mag jeder seine eigene Antwort finden, aber es gibt diesbezüglich einige interessante Fakten: Erfolgreiche Menschen sind immer ihren eigenen Weg gegangen. Sie sind nicht diejenigen, die jeden Tag brav ihren Bürojob verrichtet haben – damit hätten sie auch nie von sich reden machen können. Sie haben ihre Individualität, ihre Persönlichkeit und ihre Besonderheiten zum Erfolg genutzt. Sie haben das getan, was die wenigsten Menschen tun: Sie haben zu sich gestanden.

Du solltest Dir ebenso klarmachen, dass es einen Weg für Dich gibt, für Dich ganz persönlich, an dessen Ende Deine vollkommene Zufriedenheit steht. Dafür musst Du lernen Gewohnheiten loszulassen. Es mag im ersten Moment schwer erscheinen, aber wenn Du Dir klarmachst, dass Du nutzlosen Ballast abwirfst und durch neue Dinge ersetzt, die Dir weit mehr entsprechen, so hast Du Dein Leben bereits ein Stück bereichert und bist auf dem Weg zu Dir selbst einen Schritt vorangekommen.

Wir wollen Dich motivieren, ebenfalls nach Deinen Vorstellungen zu leben und die Dinge hinter Dir zu lassen, die Du gar nicht in Deinem Leben haben willst. Es geht dabei nicht darum, dass wir irgendjemandem empfehlen, gleich morgen in den tiefsten Wald zu ziehen und dort als Selbstversorger für die nächsten 20 Jahre zu leben (wenn das Dein Wunsch ist, dann tue es trotzdem), sondern Dein Leben mehr nach Deinen persönlichen Vorstellungen zu gestalten. Dabei sind es oft die vielen kleinen Dinge, die wirkliche Veränderungen bringen. Wir, Erika und Wilfried, leben zum größten Teil so, wie es der deutsche Durchschnittsbürger tut. Das tun wir, weil wir es so wollen. Uns unterscheiden einige Dinge (und dazu gehört unter anderem Network-Marketing) von der Masse – und diesen Unterschied leben wir ebenso überzeugt wie glücklich.

Lass Dich nicht von dem Gedanken abschrecken, dass Du Freunde und Bekannte verlieren könntest, wenn Du Dich und Deine

Gewohnheiten änderst. Das mag sogar passieren, aber das ist lediglich der Beweis dafür, dass diese Leute nur Deine aufgesetzte Persönlichkeit mochten, nicht die wahre Person, die Du wirklich bist. Stattdessen wirst Du schnell feststellen, dass Du neue Menschen treffen wirst, wenn Du zeigst, wer Du bist. Es ist ein interessanter Fakt, dass Menschen, die vollkommen authentisch sind, wie ein Magnet auf andere wirken. Plötzlich bilden sich neue Freundschaften, die echt sind, denn diese Freunde mögen Dich genauso, wie Du wirklich bist. Es ist kein Verstellen mehr notwendig.

Erfolgsformel

Du willst echte Freunde und echte Vertrautheit?
Dann zeige Deinen Mitmenschen, wer und wie
Du wirklich bist.
Authentizität ist Grundlage und Schlüssel für Deine
Persönlichkeitsentwicklung.

Es ist ein großer Schritt in der eigenen Persönlichkeitsentwicklung, wenn man den Prozess „Hin zur Authentizität" beginnt. In der Praxis hilft es, wenn Du Dich immer wieder selbst fragst:

„Was mag ich wirklich?"

„Was treibt mich an?"

„Wie soll mein Leben aussehen, wenn alles perfekt ist?"

„Will ich das jetzt wirklich oder tue ich es mit einem Gefühl von Bauchweh?"

„Tue ich das, was ich tue, für die anderen oder wirklich für mich?"

Alles Gute kommt von unten

Erika:
Wir haben soeben Werte angesprochen, für die es sich zu kämpfen lohnt. Diese Werte werden einem vom Elternhaus mit auf den Weg gegeben, entwickeln sich aus Erfahrungen heraus oder sind Teil unserer eigenen DNA. Für mich persönlich ist es wohl eine Mischung aus all diesen Punkten, denn es ist ein großer Teil meiner Persönlichkeit, die danach strebt, in einer gesunden Umwelt zu leben, gesundes Essen konsumieren zu können und

meine Familie in einer gesunden Welt zu wissen. Und diese Werte will ich mit der Art, wie ich lebe, vereinen können.

Mir wurde die Nähe zur Natur in die Wiege gelegt. Ich bin im Grünen aufgewachsen und meine Spielkameraden waren die Kinder aus der Nachbarschaft. Wir haben draußen gespielt, waren auf der Straße, trafen uns auf dem Kommunikationszentrum „Milchbock", der an der Straße vor jedem Bauernhof stand. Früher hatten alle Bauernhöfe Kühe.

Mein Bruder und ich wurden in dieser Zeit voll in die landwirtschaftlichen Aktivitäten mit einbezogen. Dabei brachten wir beinahe jeden Tag auf dem Feld zu, ohne jemals auch nur einen Gedanken an Sonnencreme, Sonnenhut oder eine erfrischende Flasche Wasser verschwendet zu haben. Noch heute kann ich mich erinnern, wie wir uns in der Mittagspause auf das selbstgebackene Brot, die selbstgemachte Marmelade und den Muckefuck Kaffee stürzten. Schöne Erinnerungen bleiben eben haften – mit allen Sinnen.

Es war wohl auch diese Erfahrung und die Erinnerung daran, dass ich auch heute noch nicht verstehen kann, warum Menschen sich nicht darum kümmern, wo ihre Nahrungsmittel eigentlich herkommen und was dort alles verarbeitet wurde. Glücklicherweise hatten wir immer einen Gemüsegarten. Wir können also sicher sein, dass alles ohne Pflanzengifte angebaut wird. Was nicht gedeiht, hat eben Pech gehabt, das brauchen wir nicht zum Überleben. Wir sind darauf wirtschaftlich glücklicherweise nicht angewiesen, wie es der Landwirt ist.

Wilfried:
Ich bin ebenfalls naturverbunden aufgewachsen. Mein Vater hatte immer einen großen Gemüsegarten und da wir Selbstversorger waren, lag es auf der Hand, dass wir auch Schweine gehalten haben. Wahrscheinlich lag hier der Ursprung meiner Entscheidung, mich während des Studiums vor allem auf die Bereiche Umweltschutz und Umweltrecht zu konzentrieren.

Die Jahre im Network-Marketing haben mich gelehrt, den Blick für meine Umwelt und die Gesellschaft, in der wir alle leben, zu schärfen. Sehen wir uns heute auf den Straßen um, so ist es scheinbar vollkommen normal, dass zumindest jeder zweite in sein Smartphone vertieft ist. Die Augen der Menschen haften wie paralysiert auf dem Display eines Gerätes, das es vor gut 30 Jahren noch gar nicht gab. Auch die Arbeitsplätze der Menschen sind effizienter geworden, Computer und Internet haben viel verändert und, zugegeben, auch vieles vereinfacht. Ich selbst nutze die modernen Medien, denn ihre Vorteile sind nicht abzustreiten. Diese Entwicklung bringt es mittelfristig unweigerlich mit sich, dass man sich auch eingehender mit der diesbezüglichen Technik beschäftigen muss.

Während also das Verständnis für die technische Seite permanent zunimmt, reduziert sich das Wissen über die Natur. Nur noch einige schrullige Sonderlinge scheinen sich wirklich noch damit zu befassen. Wir sind zwei davon. Und es gibt immer wieder diese Momente, in denen wir uns fragen: „Warum beschäftigen wir uns nicht mehr mit der Umwelt, sondern vergeuden so viel Zeit mit der Technik? Schließlich sind wir Menschen und Tiere ein Teil der Natur und nicht irgendein künstlich erschaffenes Programm." Mit der Modernisierung der Gesellschaft, der Globalisierung der Märkte und der Geschwindigkeit, die uns die gegenwärtige Technik ermöglicht, kann kaum ein Mensch noch Schritt halten. Mit Industrie 4.0 wird fast kein Arbeitsplatz mehr so sein wie jetzt. Wie hätte sonst ein so grausames Wort wie „Entschleunigung" auch Einzug in unseren Sprachgebrauch halten können? Da überrascht es nicht, dass viele Dinge inzwischen zu lästigen Notwendigkeiten verkommen sind und quasi nebenbei erledigt werden. Hierzu gehört vor allem auch unsere Nahrungsaufnahme. War in vergangenen Zeiten das gemeinsame Essen ein fester und wichtiger Bestandteil familiären Zusammenhalts und wurde diesem Prozess in der damaligen Zeit auch die entsprechende Wichtigkeit und die notwendige Zeit eingeräumt, so erlaubt es heute die knapp bemessene Mittagspause kaum, die Mahlzeit als eine Pause zu verstehen, in der man zu sich kommt, Kraft sammelt und sich austauscht. Von der Qualität des Essens ganz zu schweigen.

Eigentlich hätten wir es gar nicht besser erwischen können: Vieles, was wir für ein gesundes Leben brauchen, wächst um uns herum.

Vielfalt statt Einheitsbrei

Erika:
Ich denke oft an meinen Vater zurück. So manches Mal stand er kopfschüttelnd auf dem Feld und dachte laut über die Entwicklung einiger benachbarter Höfe nach. Er konnte einfach nicht verstehen, wie sich immer mehr Bauern auf nur ein einziges Produkt (oder zwei, drei Produkte), zum Beispiel auf Kartoffeln, spezialisieren konnten. In diesem Moment fragte er immer: „Was passiert, wenn es ein schlechtes Kartoffeljahr gibt?". Ich verstand das, auch wenn ich noch sehr klein war. Und bis heute teile ich seine Überzeugung, dass Vielfalt ausgesprochen wichtig ist.

Da diese Erkenntnis der bäuerlichen Bevölkerung nicht neu sein dürfte, fragt man sich, warum doch so viele Agrarier dazu übergehen, sich vollkommen auf ein Produkt – sei es Pflanze oder Tier – zu konzentrieren. Nun, die Antwort darauf ist ebenso einfach wie bedenklich. Die Individualität dieser Bauern weicht großen, ertragsorientierten Strategien. Durch die Zusicherung einer großen Abnahmemenge erhoffen sich die Beteiligten höhere Gewinne und begeben sich damit in die totale Abhängigkeit der Konzerne und der Politik. Was übrig bleibt, ist zumeist völlige Frustration und Unzufriedenheit auf ganzer Linie, denn nicht nur der Bauer mit seiner Monokultur verdient bei Weitem nicht so viel Geld, wie er es sich erhoffte, sondern auch der Bauer, der mit einem breitgefächerten Sortiment an Waren aufwarten kann, erhält nicht mehr den Preis, den er eigentlich benötigt, um wirtschaftlich arbeiten zu können. Ein Teufelskreis, aus dem nur gemeinschaftliches Umdenken und die Verweigerung von Produkten, die als Massenerzeugnis auf den Markt kommen, herausführen kann.

Mir ist wichtig, eine Sensibilisierung dafür zu schaffen, dass man sein Leben ein wenig bewusster gestaltet und mit offenen Augen durch den Tag geht, um so weit wie nur irgend möglich eines sicherzustellen: Die Gewährleistung von Vielfalt und Nachhaltigkeit!

Was ist das Erste, was uns zu diesem Thema einfällt? Es sind die innovativen Unternehmen, von denen man immer wieder hört. Es sind Menschen, die ein positives Bild von der Zukunft malen und andere, die alles dransetzen, andere Menschen von der Sinnhaftigkeit eines nachhaltigen Lebens und Schaffens zu überzeugen. Und das ist eigentlich gar nicht so schwer, denn es hilft allen Menschen und vor allem den nachfolgenden Generationen, wenn wir lernen, sowohl uns selbst als auch unseren Planeten zu schonen und die Geschenke der Natur zu nutzen.

Network-Marketing bietet hier die perfekte Plattform, denn jeder, der hier startet, kann sich sein Produkt selbst auswählen. Die Möglichkeiten sind hier beinahe unbegrenzt, denn die Branche ist inzwischen so ausgiebig gewachsen, dass es in beinahe jedem Bereich unterschiedliche Partnerunternehmen gibt, deren Produktpalette man testen und mit den eigenen Überzeugungen abgleichen kann, bevor man seine Zukunft damit planen will.

Network-Marketing stellt den Gegenpol zur Überproduktion dar, denn die verschiedenen Produkte werden rein für den Endkunden produziert. So ist es fast ausgeschlossen, dass Teile dieser Produktionen ungenutzt vernichtet werden. Im gängigen Handel der Supermärkte dagegen ist von vornherein einberechnet, dass die Regale voll sein müssen und damit auch impliziert, dass ein Teil der Waren als Überschussmenge produziert wird, die später in die Abfalltonne wandert. Für die Hersteller und Vertreiber selbst stellt dies kein allzu großes Problem dar, denn die kalkulierten Abfallmengen sind auf den Kaufpreis des Endkunden schon aufgerechnet. Macht man sich dies bewusst, so sollten einem doch schon einige Sorgenfalten auf der Stirn wachsen.

Wenn wir etwas verändern wollen, müssen wir uns selbst ändern, und wir brauchen ein großes Netzwerk. Wenn wir Hilfe brauchen, eine Idee verwirklichen wollen, ist ein großes Netzwerk von immensem Nutzen. Was wir bei unserem Kampf gegen die Schließung des Cafés erstmalig gelernt hatten, ist inzwischen eines unserer Erfolgsgeheimnisse: Starke Netzwerke sind der Schlüssel für persönliche Unterstützung und Zusammenhalt. Das gebündelte Wissen einer Gruppe hilft dabei, sich zu informieren, um auch aktive Formen der Unterstützung zu erhalten, wenn diese gebraucht wird. Was sich theoretisch anhört, erweist sich in der Praxis als höchst angenehmes und zielführendes Lebensmotto: Spaß, Freude und Action – mitmachen anstatt zu warten.

Bei uns ist dies fester Bestandteil in unserer Arbeit im Network-Marketing. Was kannst Du nun selber tun, um Dein Leben nachhaltiger zu gestalten? Es beginnt damit, dass Du Dir einige Fragen stellst:

Was nützt uns allen und was nicht?

Was können wir tun, um gesund alt zu werden und finanziell abgesichert zu sein?

Was geschieht gerade um mich herum?

Was kann ich selbst tun, um Tieren ein lebenswertes Dasein oder eine artgerechte Haltung zu ermöglichen, so, wie es die Natur vorgesehen hat?

Was können wir tun, um die Vielfalt bei den Kulturpflanzen zu erhalten, diese gigantische Vielfalt, die es tatsächlich noch weltweit gibt?

Für den eigenen Garten sollten wir deshalb unbedingt samenfestes Saatgut alter Sorten verwenden. Samenfest ist eine Pflanzensorte dann, wenn aus ihrem Saatgut Pflanzen wachsen, die dieselben Eigenschaften und Gestalt haben wie deren Elternpflanzen. Das bedeutet, dass die Sorte wie früher natürlich vermehrt werden kann. In der Landwirtschaft wird überwiegend Hybridsaat verwendet. Hybridpflanzen sind gewissermaßen Einwegpflanzen: Die aufwendig herangezüchteten Eigenschaften verlieren sich bereits in der zweiten Generation. Für Nachzüchtungen ist das Hybridsaatgut nicht geeignet. Das hast Du nicht gewusst? Tröste Dich, das weiß kaum jemand, der nicht mit Landwirtschaft zu tun hat. Wenn Du einen Garten hast und Du ebenfalls die Vielfalt erhalten möchtest, kaufe und vermehre samenfeste Sorten. Obendrein freuen wir uns sehr, wenn Du für die Insekten Blümchenwiesen ansäst, natürlich mit samenfestem Saatgut. Dann brauchst Du nie wieder Saatgut kaufen. Frage Dich: Was können wir noch dazu beitragen, um ein dauerhaft friedliches Miteinander auf und mit unserer Erde zu erreichen?

Da sich immer mehr Menschen diese Frage stellen, sind wir auf einem guten Weg.

Network-Marketing als Basis freien Lebens

„Wie kriegen die beiden eigentlich all ihre Vorhaben unter einen Hut? Werte vertreten, Erfolg haben und andere zum Erfolg führen, ihren Lebenstraum verwirklichen, eine Stiftung gründen, dazu noch das Geschäft weiter ausbauen? Und jetzt schreiben sie auch noch ein Buch!". Wir wissen, dass sich das manche Personen in unserem Bekanntenkreis fragen. Nun, die Antwort darauf ist denkbar einfach: Weil Network-Marketing uns das alles ermöglicht.

Für uns gibt es keinen Druck, pünktlich im Büro erscheinen zu müssen und womöglich dort auch noch einem nutzlosen Dresscode folgen zu müssen. Network-Marketing bietet uns das Privileg einer freien Zeiteinteilung. Das ist ausgesprochen angenehm für uns.

Ein weiteres wichtiges Argument pro Network-Marketing ist sicherlich auch, dass es diese Tätigkeit in einem kaum beschreibbaren Maße erlaubt, Leben und Arbeit miteinander zu verknüpfen. Wir machen keine Unterschiede darin, ob wir etwas gerade für unsere Freizeit oder für unseren Beruf tun. Wir tun es einfach. Über viele Jahre hat sich der Gedanke fest in unserem Kopf festgesetzt, dass beides einfach Spaß machen muss. Dann verschwindet jeglicher Gedanke daran, dass die Arbeit oder das Privatleben energieraubend oder, noch schlimmer, belastend sein könnte.

Blicken wir auf unser Netzwerk, auf die Menschen, mit denen wir auf die eine oder andere Weise verbunden sind, so finden wir dort ausgesprochen viele Menschen, mit denen wir freundschaftlich verbunden sind.

Unser Netzwerk und damit vor allem jede einzelne Person, die Teil dieses Netzwerks ist, hat darüber hinaus noch einen ganz anderen Vorteil, der mit Geld nicht aufzuwiegen ist. Sie lassen uns an ihrem Leben teilhaben, mehr noch, sie lassen uns selbst ausgesprochen viel erleben, was wir ansonsten verpasst hätten. Wenn wir irgendwann einmal in dem Alter sind, in dem man zufrieden auf sein Leben zurückblickt, so sind die häufigsten und schönsten Erinnerungen die besonderen Erlebnisse, die das Leben für einen bereitgehalten hatte. Network-Marketing hat uns eine solche Vielzahl dieser denkwürdigen Erlebnisse geliefert, dass wir ein Leben lang davon zehren können und werden.

Es gibt ein weiteres Geschenk, das dieses Lebens- und Einkommensmodell für uns und unser Leben bereithält. Wir sind in der glücklichen Lage, andere Menschen dabei zu unterstützen, sich ihre Träume erfüllen zu können. Vielleicht hört sich das für Außenstehende ungewohnt an, aber es ist ein wirkliches Glück, dass uns dies vergönnt ist. Möglich ist dies, weil wir unseren Lebensunterhalt mit einer Tätigkeit bestreiten, deren Natur keine Konkurrenz fördert, sondern auf Vertrauen, Unterstützung und gemeinsamen Zielen basiert. Wenn wir anderen helfen, erfolgreich zu sein, so sind wir automatisch ebenfalls erfolgreich. Ist dieses Denken für viele Anfänger in der Branche erst einmal ausgesprochen gewöhnungsbedürftig (die meisten kennen dies aus ihrer beruflichen Vergangenheit nicht), so sehr lernen sie es im Laufe der Zeit zu schätzen.

Erfolgsformel

Network-Marketing verändert und bereichert Dein Leben. Verharre nicht in alten Mustern, sondern entscheide Dich für die Freiheit, den Erfolg und ein Leben nach Deinen persönlichen Vorstellungen!

Final muss deshalb eine kleine Korrektur zu einer an früherer Stelle dieses Buches gemachten Aussage getätigt werden. Wir haben dort behauptet, dass das Geld nicht an Bäumen wächst. Zwar stimmt diese Behauptung aus botanischer Sicht noch immer, aber im übertragenen Sinn ist es (zumindest im Network-Marketing) anders, sieht man die Äste und Zweige als Teil des eigenen Netzwerks. Diese Branche ermöglicht den Menschen, ein Leben nach ihrer Vorstellung zu führen. Du entscheidest, wie groß Dein Unternehmen wird. Der Spannungsbogen bei uns reicht vom Nebenverdienstler mit einem Zusatzeinkommen für die Urlaubskasse bis hin zum Unternehmer mit Umsätzen in Millionenhöhe. Du entscheidest, wie groß Dein Baum wachsen soll. Vielleicht möchtest Du Eure Urlaubskasse aufbessern, ein Haus kaufen, im Wohnmobil die Welt bereisen, Deinen Bekanntenkreis vergrößern, Deine Rente aufbessern, Dich persönlich weiterentwickeln, Dinge tun, die Du Dich bisher nicht getraut hast, Deinen Kindern oder Enkeln etwas vererben, auswandern, eine Privatschule gründen, eine Hilfsorganisation unterstützen, einfach nur mehr Zeit für Dich haben („Freie Zeit ist das neue Statussymbol unserer modernen Gesellschaft") ... Trau Dich! Wir sind der Meinung, dass es auf lange Sicht von großem Erfolg gekrönt ist, wenn man für sich selber arbeitet und nicht Zeit gegen Geld eintauscht.

Kapitel 5
Ankommen

Die Verwirklichung eines Traumes

Du bist uns bis an diesen Punkt des Buches gefolgt. Dafür wollen wir Dir an dieser Stelle schon einmal danken. Denn jetzt springen wir gemeinsam in die Gegenwart und weiter in die Zukunft, denn die Dinge haben sich entwickelt und inzwischen nehmen unsere Träume Gestalt an. Es scheint noch gar nicht so lange her zu sein, als wir zu der Überzeugung kamen, dass wir unsere Zukunft in einer Mehr-Generationen-Lebensinsel sehen. Mehr noch, es schien für uns die einzig vernünftige Alternative zu sein, wie wir unser Leben und vor allem auch die Zukunft von Olli genauso gestalten können, so dass alle unsere Wünsche und Träume verwirklicht werden. Du hast uns auf einem Teil dieses Weges begleitet und deshalb freuen wir uns umso mehr Dir mitzuteilen, dass unser Traum wirklich Realität wird.

Wir haben uns einen wunderschönen Dreiseithof mit Wiesen und Bäumen drumherum gekauft, auf dem wir unser Vorhaben verwirklichen werden. Ein großer Gemüsegarten ist bereits angelegt, die Heizung von Öl auf Solarthermie und Holz umgestellt und zur Belustigung aller Nachbarn und Freunde haben wir uns eine muntere Hühnerfamilie angeschafft. Die Flächennutzungsplanänderung ist bestätigt, sodass wir unser Projekt der Mehr-Generationen-Lebensinsel sowohl planen als auch realisieren können. „Ollis Café" wird Wirklichkeit! Wir werden Arbeitsplätze für weitere Menschen mit Handicap schaffen und Übernachtungsmöglichkeiten für naturliebende Feriengäste. Der beliebte Weserradweg ist in unmittelbarer Nähe und sicher wollen die Biker sich den Besuch der geografischen Mitte Niedersachsens nicht entgehen lassen und dabei die Gelegenheit nutzen, auf einen Kaffee bei uns vorbeizuschauen oder gleich über Nacht zu bleiben.

Manchmal wachen wir morgens auf und fühlen uns immer noch wie in einem wunderbaren Traum. Es hatte doch alles damit begonnen, dass wir versucht haben, vor Jahren ein Café für Behinderte vor seiner drohenden Schließung zu retten. Vielleicht sollte es sogar so geschehen, denn rückblickend hat sich nach dieser schmerzvollen Niederlage alles zum Guten gewendet.

„Auch aus Steinen, die Dir in den Weg gelegt werden, kannst Du etwas Schönes bauen", meinte Erich Kästner. Recht hat er!

Wir entwickelten unser Lebensziel, wir änderten unsere Gewohnheiten und vor allem unseren Beruf(ung) dahingehend, dass wir wirklich die Möglichkeit schaffen konnten, uns diesen Traum zu verwirklichen. Alles richtig gemacht!

Unser Leben hat sich über all die Jahre verändert. Wir wohnen in unserem Traumhaus auf dem Land, so richtig auf dem Land, im Außenbereich, mit freier Sicht auf die Felder um uns herum. Sonntag morgens herrscht absolute Stille, keine Verkehrsgeräusche, bis irgendwann die Vögel zwitschern und die Hähne krähen. Im Herbst steigt der Nebel über den Wiesen und dem Graben auf. Wir erleben die schönsten Sonnenaufgänge in den unterschiedlichsten Farben. Alle Jahreszeiten sind wunderschön und haben hier ihren ganz besonderen Reiz.

Wir sind dem Hamsterrad entkommen, keine unnützen Fahrten mehr im Berufsverkehr auf verstopften Straßen und durch das Nadelöhr Elbtunnel, keine Präsenzpflicht in einem Büro, keine Arbeitsaufträge durch Vorgesetzte. Dafür verlegen wir unser Büro bei passendem Wetter einfach in den Garten, wo wir überall Sitzgelegenheiten geschaffen haben. Diese besondere Wahl der Arbeitsplatzorte ist einer der vielen, vielen Vorteile von Network-Marketing.

Erika:
Was ist geworden aus dem „Kann-ich-mir-niemals-leisten-Traumhaus" im sonnenverwöhnten Süden auf einer Steilküste mit Blick aufs Meer? Hier ist meine vielleicht etwas überraschende Antwort: Geld ist ein wahrer Verwandlungskünstler, jedenfalls ist dies unsere Erfahrung. Da wir mittlerweile für die Arbeit der letzten Jahre überdurchschnittlich gut entlohnt werden und uns so eine „Meerblick-Klippen-Immobilie" leisten könnten, transformierte sich dieser Traum auf wundersame Weise in einen Dreiseit-Fachwerkhof auf einem Hektar Grundstück mitten in Niedersachsen. Hier haben wir alles gefunden, was wir wirklich gesucht haben. Hier können wir Partys mit den Menschen, die uns und denen wir etwas bedeuten, feiern, wobei die Lautstärke egal ist. Auch können wir unseren Überzeugungen folgend den Großkonzernen Paroli bieten, indem wir unsere eigenen Lebens-

mittel im Garten anpflanzen. Wir können die Ruhe genießen, den Vogelstimmen lauschen, draußen wie drinnen unsere Büroarbeit verrichten, uns mit unseren Vertriebspartnern verabreden, Schulungen anbieten und neue Vertriebspartner gewinnen. Es ist alles vorhanden. Wir können zu jeder Zeit eine Tour mit dem Motorrad machen oder eine Spritztour mit der Ente, mal eben in den Harz fahren oder an die Nordsee oder nach Bremen, Hannover oder Hamburg. Die Fahrzeuge für das entsprechende Wetter stehen in der Garage und alleine das Wissen, dass wir jederzeit losfahren könnten, gibt uns ein unglaubliches Freiheitsgefühl.

Freiheit bedeutet für uns, alle Möglichkeiten zu haben und das zu tun, was uns in diesem Moment gerade Spaß macht, und wenn es das Kaffeetrinken im Garten ist. Einfach den Hühnern zuschauen, Freunde einladen und interessante Geschichten hören, philosophieren, neue Menschen kennenlernen, in Bremen bei Kaffee und Eis an der Schlachte sitzen oder in Hamburg an den Landungsbrücken ein Fischbrötchen essen – das bedeutet für uns Freiheit.

Die Treffen mit unseren Vertriebspartnern in Deutschland und Österreich bilden in unserem friedlichen und doch so abwechslungsreichen Leben einen immer wiederkehrenden Höhepunkt. Dabei könnten die Konzeptvorbereitungen kaum unterschiedlicher sein, denn unsere Vertriebspartner sind es ebenso. Sie sind Tierheilpraktiker, Ernährungsberater, Pferdebesitzer, Leiter von Hundeschulen, Hundefriseure, Menschen, die nebenberuflich arbeiten und Führungskräfte mit eigenen großen Teams, Vertriebler, Weinbauern, Hunde- und Katzenbesitzer, Therapeuten, Ärzte.

Wir haben nirgends so viel gelernt wie im Network-Marketing. Und wer hätte gedacht, dass das, was in einer winzig kleinen Dose Tierfutter steckt, alles übertreffen kann, was wir uns jemals erträumt haben.

Trotz aller Widerstände und Schwierigkeiten, die uns natürlich auf diesem Weg begegnet sind, erscheint im Rückblick doch alles sehr einfach und dazu auch noch vollkommen logisch. Jedes nennenswerte Erlebnis, das wir in den letzten Jahren hatten, war wie ein einzelnes Puzzleteil, welches das gesamte Bild doch immer weiter vervollständigt hat – bis hin zu dem Punkt, an dem wir uns jetzt befinden. Vor uns liegen noch zwei oder drei der Teile, die wir einsetzen müssen. Das kriegen wir hin, da wir auch schon die letzten 4.997 Puzzlestücke aneinandergefügt haben.

Wie sieht es bei Dir aus? Willst Du ebenfalls sehr erfolgreich werden? Willst auch Du den Platz auf der Erde finden, der wirklich für Dich gedacht ist? Wie sieht Deine ganz persönliche Traumreise aus? Male Dir immer wieder aus, wie Dein Ziel aussieht. Sehe Dich in den Bildern, die diesen Wunsch ausdrücken. Führe Dein Unterbewusstsein auf den richtigen Weg und lass es zu Deinem stärksten Partner werden. Glaube uns, wenn Dein Unterbewusstsein von etwas überzeugt bist, dann wird es Dich dorthin führen. Das ist weder esoterische Träumerei noch phantastische Spinnerei. Es ist das, was erfolgreiche Menschen immer und immer wieder beschrieben haben. Wir können dies nur aus vollstem Herzen bestätigen.

Du weißt spätestens dann, dass Du es geschafft hast, wenn in Dir selbst der Wunsch erwächst, dass auch andere Menschen den Erfolg haben sollen, den Du erreicht hast. Es gibt weder Platz noch einen Grund für Neid, Missgunst oder das große Gegeneinander, das wir heutzutage in so vielen wirtschaftlichen Bereichen finden. Wenn Du die Überzeugung gefunden hast, dass Du nichts verlierst, keinen Rückschritt machen musst und kein Grund für Neid besteht, dann weißt Du, dass Du dafür bereit bist, anderen zum Glück zu verhelfen. „Ebene 5" wartet bereits auf Dich.

> **Wer seine Wurzeln sucht, muss graben, nicht klettern.**
> (Peter E. Schumacher (1941 - 2013,
> deutscher Aphorismensammler und Publizist)

Jeder Mensch hat Träume. Und diese Träume sind bei jedem anders und vollkommen individuell. Das ist gut so, treibt die Menschen in ihren Begehren in verschiedenste Richtungen und macht so das Leben bunt. Egal, welches Ziel oder welchen Wunsch man für sein Leben hat, man kann ihn verwirklichen. Wir würden Dir hier gerne als Beispiel dienen, denn unser großer Wunsch war und ist es, der Nachwelt etwas Wunderschönes zu hinterlassen. Deshalb haben wir uns entschlossen, dieses Anwesen zu einer Mehr-Generationen-Lebensinsel auszubauen und der Allgemeinheit als gemeinnützige Stiftung zu übergeben.

Hier sollen Menschen mit Handicap sinnvolle Arbeit bekommen, gut leben können und kreativ sein. Hier sollen Menschen leben, die einander ergänzen, die füreinander da sind, die sich respektieren und die gemeinsam in Würde altern.

Für die meisten Leute endet ihre persönliche Träumerei zumeist schon in dem Moment, in dem sie über dessen Kosten nachdenken. „Die Erfüllung meines Traumes wäre so schön, aber wie soll ich das jemals finanziell möglich machen können?"

Und da ist es wieder, das kleine Teufelchen. Fragen wir einmal anders herum: Warum um alles in der Welt sollte das nicht möglich sein? Es gibt genügend Möglichkeiten, wie man sich auch finanziell die Erfüllung seiner Wünsche ermöglichen kann. Das Wichtige ist einfach, dass man wirklich an sich glaubt, seine Werte vertritt und vor allem dazu bereit ist, einen mutigen Schritt zu gehen und neue Wege aufsucht. Einer dieser Wege könnte das Network-Marketing sein. Dabei ist es egal, ob Du Dein persönliches Glück mit dem Vertrieb von Futter für Vierbeiner findest oder andere Produkte bevorzugst. Solange Du von Dir, dem angeschlossenen Unternehmen und dem Produkt überzeugt bist, so lange stehen die Zeichen auf persönlichen Erfolg. Ja, wir sprechen diesen Punkt gebetsmühlenartig immer wieder an, aber das tun wir aus vollster Überzeugung. Wir wollen Dich motivieren, Dein eigenes Leben zu leben. Und welches Risiko würdest Du schon eingehen, wenn Du es mit Network-Marketing probieren solltest? Dir steht immer die Option frei, erst einmal mit einem kleinen Nebenverdienst zu starten und sowohl die Branche wie auch Dich selbst auszuprobieren. Wenn es Dir gefällt und Du spürst, wie sehr es Dich und Dein Leben bereichern wird, dann kannst Du immer noch die endgültige Entscheidung über Deine berufliche Zukunft treffen.

Einen kleinen Tipp haben wir für Dich: Suche Dir einen Bereich oder ein Produkt aus, was auch Deiner Einstellung und Deinen Werten entspricht. Wenn Du selbst ein oder mehrere Tiere hast oder Tiere einfach nur magst, warum solltest Du dann nicht mit dem, was Dir ohnehin am Herzen liegt, auch noch ein klein wenig oder auch etwas mehr Geld dazuverdienen? Wir haben die Möglichkeit, unsere persönlichen Werte und Wünsche leben zu können, bei dem Unternehmen, für das wir tätig sind, gefunden. Hier legt jeder sehr viel Wert auf ein gesundes Leben und auf unsere Umwelt. Sämtliche Firmenprinzipien sind darauf ausgerichtet und dies entspricht eben auch unseren persönlichen Werten. Achte darauf, dass auch Du eine solche Übereinstimmung findest, denn Deine Überzeugung wird auf alle Personen überspringen, mit denen zu tun haben wirst. Und das werden viele sein. Wer unternehmerisch denkt und handelt, wer sein Produkt liebt, wer seine Kunden liebt, wird nie mehr „arbeiten" müssen. Leben und Arbeiten sind Begriffe, die verschwimmen.

Erreiche auch Du ebenso wie wir in diesem Moment die fünfte Ebene der Maslowschen Bedürfnispyramide. In seiner Theorie wird nicht gesagt, dass dies der Moment ist, der wirkliches Glück ausmacht. Aber vertraue unseren Gefühlen und Empfindungen, dass es so ist. Stehen wir jetzt in unserem Garten und sehen, wie um uns herum unser Traum seine endgültige Gestalt annimmt und nach und nach die Gebäude fertiggestellt werden, so ergreift uns das unbeschreibliche Gefühl, angekommen zu sein. Wir stellen uns vor, wie Olli und seine Kollegen und Kolleginnen im Café die Gäste bedienen, wie sie begeistert ihrer Arbeit nachgehen, stolz den Kaffee servieren und sich trauen, mit den Gästen zu kommunizieren. Wir stellen uns vor, wie die Menschen mit Handicap und ihr Coach/Betreuer im Garten arbeiten, wie sie mit Maschinen umgehen und wie sie immer routinierter und selbstbewusster werden. Das beste Beispiel, dass das funktioniert, ist, dass Olli mittlerweile ein richtig guter Treckerfahrer ist, der mit seinem umgebauten Rasentraktor (mit Anhänger!) zielgenau rückwärtsfahren und einparken kann.

Wie sieht es bei Dir aus? Wie nachhaltig ist Dein Job? Wie lange würdest Du mit Deinem derzeitigen Lebensstil über die Runden kommen, wenn Du ab heute kein Gehalt mehr bekämst? Sicher hast Du Dir diese Frage niemals gestellt. Warum nicht? Kein Job ist heutzutage mehr sicher. Und die klassische Leistungsgesellschaft wird nicht mehr funktionieren, wenn für die Hälfte der Menschen keine Arbeit mehr da ist, weil Computer und Roboter sie erledigen, sagt der bekannte Philosoph und Publizist Richard David Precht. Anschaulich beschreibt er, wie sich der Mensch seit vielen Jahren primär über die Arbeit definiert. Dabei haben die vorigen Generationen sehr hart arbeiten müssen, einfach, um überleben zu können. Heute arbeitet man, um zu leben. „Dienst nach Vorschrift" stellt dabei keine Option mehr in der modernen Gesellschaft dar. Der Trend geht dahin, einer sinnvollen Arbeit nachzugehen, möglichst selbstbestimmt, gerne mit Menschen. Und man möchte den persönlichen Beitrag der Leistung erkennen können und gleichzeitig dazu beitragen, dass es anderen besser geht.

Zu welcher dieser Gesellschafts-, Lebens- und Arbeitsformen zählst Du Dich? Wirst Du Dich an Deinem Lebensende ebenso wie viele andere fragen, ob das wirklich alles gewesen ist? Über 40 Jahre bist Du zur Arbeit gefahren, hast gemacht, was man von Dir verlangt hat, hast die Probleme anderer gelöst, hast Dich über kaum erwähnenswerte Gehaltserhöhungen gefreut, wobei Du gar gar nicht bemerkt hast, dass gleichzeitig Dein Arbeitspensum immer höher wurde, warst stolz darauf, wenn Du mehr Verantwortung bekommen hast, warst dadurch natürlich auch permanent für die Firma erreichbar, während Du nebenbei eine Familie gegründet hast, hast den wenigen Urlaub in möglichst vollen Zügen genossen, um in ein paar Tagen wieder fit für den Job zu sein und hast Deine Kinder eigentlich nur nebenbei aufwachsen gesehen. Mittlerweile sind Deine Enkel auf der Welt. Du wirst Zeit haben für sie, das schwörst Du Dir in diesem Moment. Zeit, die Du für Deine Kinder nicht hattest.

Wach auf, das Buch Deines Lebens schreibst Du!

Hast Du schon einmal darüber nachgedacht, was eigentlich aus Deinen Träumen geworden ist? Wolltest Du früher einmal die Welt verändern, Ungerechtigkeit beseitigen, Lehrer in einem neuen Schulsystem werden, wolltest Du Schiffskapitän werden und die Weltmeere bereisen? Wenn es aber Dein unbändiger Wunsch ist, kannst Du es doch immer noch werden. Mach daraus doch einfach erst einmal Dein Hobby – alles Weitere findet sich.

Wolltest Du immer Chef eines großen Unternehmens werden? Dazu gehört für Dich, viele Mitarbeiter zu führen, sie gut auszubilden, den Markt mit einem starken Produkt zu durchdringen! Du möchtest Umsätze in Millionenhöhe generieren und das ohne Zukunftsängste. Du willst Dir keine Gedanken um die Zahlung von Gehältern, Lohnsteuer und Sozialversicherung machen. Du möchtest trotz Deiner großen Verantwortung reichlich Zeit für Hobby und Familie haben, während Dein gut aufgestelltes Unternehmen in den besten Händen ist. Du willst Dir keine Sorgen um Deine Vertretung machen, nicht darüber nachdenken müssen, ob sie auch wirklich ihre Aufgaben schafft und Du nicht doch Deinen Urlaub wegen einer beruflichen Katastrophe abbrechen musst? Du willst Dich nicht fragen, ob Deine Vertretung mit der Belegschaft klarkommt und ob auch alles mit den Lieferanten klappt? Auf Zukunftsängste kannst Du gut und gern verzichten. Und dass Du Leute entlassen müsstest, ist absolut keine Option.

Das hört sich schon ein wenig realitätsfern und futuristisch an, nicht wahr? Aber lass uns noch ein wenig weiter träumen. Du, ein menschenfreundlicher Chef, verschwendest keine Gedanken an geschäftliche Risiken. Stattdessen mehr Einkommen und immer weitere Neueinstellungen. Überhaupt interessiert Dich alles, was Dein Unternehmen voranbringt. Schlaflose Nächte eines Unternehmers, unplanmäßiger Ausfall? Generationenprobleme? Unzureichende Altersversorgung? – Ein No-Go in Deiner Gedankenwelt!

Du erträumst Dir, dass es DAS Geschäft ohne Risiko wirklich gäbe? Dann folgt hier die gute Nachricht, denn das gibt es doch! In unserer Branche, im Network-Marketing, findest Du genau das, was Du Dir soeben zusammengeträumt hast: Du als Unternehmer stellst so viele Partner ein, wie Du möchtest. Bezahlt werden sie von Deinem Partnerunternehmen. Du und Deine Partner ordern just in time so viele Produkte, wie sie für ihren Kundenkreis und für sich benötigen, ohne eine Lagerhalle anmieten und ohne jemals ein Inkassobüro beauftragen zu müssen. Das Partnerunternehmen zahlt an Dich und Deine Partner die entsprechende Provision je nach getätigtem Umsatz. Allabendlich kannst Du Deinen aktuellen Unternehmensumsatz auf Deiner Domain ablesen, zusätzlich erhältst Du alle weiteren relevanten Kennzahlen, die Deine Tätigkeit betreffen. Um Dein Büro zu perfektionieren brauchst Du nur einen Internetzugang, einen Computer und ein Telefon. Schon steht Dein Unternehmensinventar und Du bist komplett ausgestattet.

Network-Marketing wird manchmal „Franchise des kleinen Mannes" genannt, da man ohne horrende Franchise-Gebühren, sondern mit minimalem finanziellen Einsatz und ohne Risiko überdurchschnittliche Einkünfte erzielen kann und sich ein passives Einkommen aufbaut, das auch noch stetig wächst. Was ist also aus Deinen Träumen geworden? Es lohnt sich, darüber nachzudenken. **Das Buch Deines Lebens schreibst Du.**

„Ebene 5", das Gefühl angekommen zu sein, wartet auch auf Dich.

You do it your way

Wir hoffen, dass unser Team und wir häufig zur rechten Zeit auf Menschen treffen, die wir auf dem Weg in die Selbständigkeit und bei der Realisierung ihrer Ziele unterstützen können. Ist jetzt der Zeitpunkt einer Veränderung für Dich gekommen? Wusstest Du, dass man große und lebensverändernde Dinge aus dem Bauch heraus entscheidet? Die späteren Details klärt man meistens mit dem Verstand. Du selbst entscheidest, wie es ab diesem Moment für Dich weitergeht. Triff Deine Entscheidungen, stehe zu ihnen und gehe stolz Deinen individuellen Weg zum Erfolg und zu Deinem persönlichen Glück.

Vielleicht bist Du noch immer unentschlossen oder nicht vollkommen überzeugt davon, wo Deine Reise eigentlich hingehen soll. Willst Du mit dem, was Du tust, nicht bis zum Lebensende weitermachen? Bist Du unzufrieden in Deinem Job, kannst Arbeit und Freizeit nicht in Einklang bringen? Möchtest Du mehr Zeit mit Deiner Familie verbringen? Möchtest Du Deine Kinder aufwachsen sehen? Hast Du das Gefühl, Du gibst mehr als Du zurückbekommst? Verfolgt Dich Deine Arbeit bis in den Urlaub? Hast Du zu viel Verantwortung? Dann solltest Du rechtzeitig etwas ändern. Denn wenn Du das tust, was Du bisher getan hast, aber dennoch glaubst, dass sich eine Veränderung einstellt, so irrst Du Dich. Und diese Erkenntnis ist nicht von uns, sondern von Albert Einstein.

Es ist sinnvoll, in unserer Branche nebenberuflich zu starten. Wie Du von uns erfahren hast, braucht es seine Zeit, bis Du hauptberuflich im Network-Marketing arbeiten kannst. Du wirst lernen und Du wirst das Gelernte umsetzen müssen. Du wirst weiter lernen, das Gelernte wiederum umsetzen und dies wieder und wieder. Du wirst persönlich wachsen und immer weiter wachsen. Es ist wie mit der Saat, die ausgebracht wird. Es braucht seine Zeit, bis der Samen aufgeht, den Du gesät hast.

Unser Rat an Dich: Beschäftige Dich mit dem Thema Network-Marketing, beschaffe Dir alle notwendigen Informationen – das Internet ist voll davon. Es gibt unzählige Unternehmen mit dem Vertriebsweg Network-Marketing, aus denen Du den richtigen Partner und die passenden Produkte für Dich und Deine persönlichen Vorstellungen wählen kannst.

Wir haben uns nach einigen Anläufen für die Tiernahrung und das Konstrukt „Boden, Pflanze, Tier und Mensch" entschieden. Der Hauptgrund ist relativ schnell gefunden: Hunde und Katzen fressen jeden Tag, manchmal sogar zweimal, bis nichts mehr da ist. Tiernahrung ist ein erstklassiges Verbrauchsprodukt und wird in sehr kurzen Abständen immer wieder gebraucht. Am Anfang war eine kleine Dose. Auf dem Etikett eben dieser Dose stand eine umfangreiche Inhaltsangabe. Aber in dieser Dose steckte weitaus mehr, was nicht auf dem Etikett verzeichnet war. Für uns haben wir entdeckt:

- Persönliche Weiterentwicklung
- Menschen und Tieren helfen, ein besseres Leben zu führen
- Die Möglichkeit, der Landwirtschaft nachhaltige Alternativen aufzeigen zu können
- Finanzielle Freiheit
- Träume zu leben
- Menschen kennen lernen, viele, viele Menschen, die wir ohne unseren Job nie getroffen hätten
- neue Freunde gewinnen
- viel von der Welt sehen, im Kleinen sowie im Großen
- Inklusion - Olli ist Teil unseres Unternehmens. Die Menschen begegnen ihm auf Augenhöhe.
- Katzen und Hunde stellen nicht kollektiv das Fressen ein, wenn wir mal Urlaub machen oder uns um andere Dinge kümmern

„Qu.A.P.L.I."

Die Basis unseres Geschäftes sind verkaufbare, einzigartige Verbrauchsprodukte und sie hört sich ein bisschen schwyzerdütsch an. Unser Erfolg basiert nämlich auf „Qu.A.P.L.I."

„Qu" steht für **Qualität**. Die Qualität unserer Tiernahrung ist erstklassig. Der Inhaber des Unternehmens ist Tierheilpraktiker und entwickelt die Produkte auf Naturbasis.

„A" steht für **Akzeptanz**. Was nützt die Qualität, wenn es dem Tier nicht schmeckt? Die Hunde und Katzen sind verrückt nach unserem Futter.

„P" steht für **Preis**. Unser Preis ist meistens unschlagbar.

„L" steht für **Lieferung** durch das Unternehmen.

„I" steht für **Inkasso** durch das Unternehmen.

Mit unserer Festessen-Einladungskarte für Hunde und Katzen und unserer Frage, ob der Zweibeiner böse ist, wenn wir seinen Vierbeiner zum Essen einladen, verfügen wir über einen Türöffner, nicht selten sogar über einen Herzensöffner. Steht uns die Tür zum Interessenten offen, so haben auch wir die Möglichkeit, alle anderen Produkte vorzustellen. Von unserer Seite aus ist keine Eile geboten, es bedarf keines Verkaufsgenies, das hoch motiviert und mit allen Tricks der Verkaufsmethoden geschult ist, denn wir setzen auf Vertrauen und auf die Qualität unserer außergewöhnlichen Produkte. Zu guter Letzt ist uns sehr, sehr wichtig, dass wir unser Geschäft vererben können, denn im Network-Marketing sind die persönlichen Accounts vererbbar (gibt es das eigentlich sonst noch in irgendeinem Geschäftsmodell?). So haben wir den Vorteil, dass die Provisionen aus den Umsätzen in unserem Falle nach unserem Ableben unserer Stiftung zugutekommen werden.

Wir sind ebenso stolz darauf wie glücklich darüber, dass unser Partner-Unternehmen ein sehr gut aufgestelltes und innovatives Familienunternehmen ist, das von zwei Generationen erfrischend herzlich geführt wird. Es ist Mitglied im Bundesverband Direktvertrieb Deutschland e.V. und wurde 2012 und 2013 mit dem Award der Network-Karriere „Ehrenpreis für gelebte Werte in den Bereichen Mitarbeiterführung und Kundenzufriedenheit” ausgezeichnet. Der Arzt, Buchautor und Redner Dr. Dr. Cay von Fournier schrieb 2017 begeistert, dass es eines dieser Hidden Champions des Mittelstands ist, und dass er sich glücklich schätze, das Unternehmen so intensiv kennengelernt zu haben.

Solltest Du an dieser Stelle den Eindruck haben, dass wir Dich von unserem wunderbaren Geschäftsmodell begeistern wollen, so täuscht Dich dieses Gefühl nicht. Nichtsdestotrotz solltest Du Dir bei all unserer Schwärmerei im Klaren sein, dass es tatsächlich unser Weg ist. Du musst Dich für Deinen eigenen Weg entscheiden. Unsere Meinung ist: Das Leben ist zu kurz für einen falschen Job.

Aber vielleicht gibt es gar nichts zu entscheiden, vielleicht ist alles in Deinem Leben ja in bester Ordnung. Aber wenn Du mit dem Gedanken spielst, Dein Glück im Network zu versuchen, starte rechtzeitig nebenberuflich und warte nicht, bis ein Chef Fakten schafft und Dein Arbeitsverhältnis beendet. Entwickle einen Plan B, solange Dein Plan A noch funktioniert. Man braucht eine gewisse Zeit, bis man unter Umständen seine Nebentätigkeit zu seiner Haupterwerbsquelle machen kann und auch hierbei sei darauf hingewiesen: Vor den Erfolg haben die Götter den Schweiß gesetzt!

Falls Du auch noch zu den Menschen gehörst, die davon ausgehen, dass sowohl ihr Berufsfeld wie auch ihre Anstellung sicher sind, so möchten wir an dieser Stelle sowohl auf Tamara Hinz und ihr Buch „Lebe Dein Leben" sowie auch auf Dr. Florian Dickgreber, Partner bei A.T. Kearney und Autor einer Untersuchung der Managementberatung zur Roboterisierung von Dienstleistungen, hinweisen, die sich mit zukünftigen Veränderungen verschiedener Arbeitsbereiche auseinandersetzen.

„Dass Dein Leben Dich leben könnte, kommt mit großen Schritten nicht nur auf Dich, es kommt auf uns alle zu. Es wird die gesamte Arbeitswelt umkrempeln. In wenigen Jahren wird so gut wie kein Arbeitsplatz mehr so sein wie heute. Gut für die einen (vielleicht), die oben mitmischen, suboptimal für diejenigen, die nicht darauf vorbereitet sind. Industrie 4.0 und Smart Factory, die intelligente Fabrik, werden die gesamte Welt der Fertigungsprozesse revolutionieren. Fertigungsanlagen und Logistiksysteme werden sich ohne menschliches Zutun weitestgehend selbst organisieren. Der Mensch muss in

den eigentlichen Produktionsprozess nicht mehr eingreifen. Es wird Branchen wie Maschinenbau, Chemie, Automobil, Elektrotechnik, Landwirtschaft und ITK (Informations- und Kommunikationstechnik) revolutionieren. Komplette Gebäude werden gedruckt. Unvorstellbar? Gibt es schon. 250 m² misst das Haus, das vor kurzem vom Regierungsoberhaupt der Vereinigten Arabischen Emirate eröffnet wurde. Sämtliche Teile einschließlich der Innenarchitektur und -einrichtung kommen aus 3D-Druckern, die Materialien wurden Schicht für Schicht passgenau und verschnittfrei zusammengesetzt. Roboter ersetzen Menschen im Dienstleistungsbereich. Unvorstellbar? Die Anfänge sind gemacht. In Japan gibt es ein Roboter-Hotel. Dort übernehmen Maschinen wichtige Tätigkeiten wie etwa die Anmeldung an der Rezeption, das Tragen des Gepäcks oder die Reinigung der Zimmer. Robotergesteuerte Prozessautomatisierung von Geschäftsprozessen wird in spätestens zehn Jahren mehr als die Hälfte der Backoffice-Arbeiten übernehmen.“

So weit, so schlecht. Wir sind also an einem Punkt angelangt, an dem sich diese Entwicklung wohl nicht mehr aufhalten lässt. Wir können uns vorstellen, dass die Führungskräfte noch mehr gefordert werden, als es heute ohnehin schon der Fall ist. Außerdem ist davon auszugehen, dass viele Menschen diesen Veränderungsprozessen mit Angst begegnen. Und dies scheint durchaus angebracht, denn das Cyber-Hamsterrad wird nicht gemütlicher werden, es wird sich aller Wahrscheinlichkeit nach noch schneller drehen.

Lass es nicht zur Chefallergie kommen, sondern handle jetzt! Was für uns die Mehr-Generationen-Lebensinsel mit Café, großem Garten und Ferienzimmer sowie finanzieller Unabhängigkeit ist, könnte für Dich zum Beispiel der Traum vom Haus am See oder die komplette Absicherung Deiner Eltern im Alter sein. Stell Dir vor, Du inserierst in nicht allzu ferner Zukunft: „*Analoger Menschenspezialist verschenkt gut erhaltenes Cyber-Hamsterrad an jungen dynamischen Dauer-Standby-Festangestellten*", während Du Deinen Rückzug aufs Land planst, die 9 1/2 Wochen Resturlaub damit verbringst, die Koffer zu packen und Möbel zu verkaufen, während Dein/e Lebenspartner/in und die Kinder mit Shopping fürs neue Heim beschäftigt sind.

„Mein Haus, mein See, mein Boot, mein Auto und –
das Wichtigste - mein neues Statussymbol: **Zeit!**"

Ab sofort funktionierst DU – und das aus lauter Begeisterung – als Kindertaxi. Außerdem ganz neu im Angebot Deines Lebens: Schulferien bedeuten für Dich 15 Wochen Urlaub mit der Familie. Du eröffnest eine Wasserski-Anlage auf Deinem See. Du hast Zeit, Du hast Phantasie, endlich kannst Du machen, was Du willst! Du betreibst Dein Network-Unternehmen in Deinem lichtdurchfluteten Büro im 1. Stock mit Blick auf den See. Gleich nebenan ist ein multifunktionaler Seminarraum mit verstellbaren Trennwänden, im Obergeschoss befinden sich ein paar Gästezimmer für Deine Vertriebspartner, mit denen Du Freundschaft geschlossen hast und die nach dem Coaching nicht gleich nach Hause fahren wollen.

Was für den einen das Haus am See ist, ist für Dich vielleicht der Traum von der weiten Welt. Du möchtest um die Welt segeln oder mit dem Fahrrad auf der Chinesischen Mauer fahren oder mit dem Wohnmobil Skandinavien bereisen oder endlich mal sechs Wochen Urlaub in der Karibik machen, Trenchtown in Kingston besuchen, auf den Spuren Bob Marleys, Peter Toshs und Bunny Wailers wandeln und „Trench Town Rock" in Trenchtown hören oder Johnny B Goode von Peter Tosh.

Nicht? Dann ist das vielleicht etwas für Dich: Du startest das beeindruckende Audiosystem der gerade vor Ort gemieteten Indian® Chieftain Dark Horse®, dann startest Du genussvoll den Motor und begibst Dich auf eine unvergessliche Reise auf der berühmtesten Fernstraße Amerikas – der legendären Route 66. Du stillst Deine Sehnsucht nach einem richtigen Abenteuer, made in USA. Eine Traumroute für jeden Motorradfahrer. Du beginnst in Chicago, am Startpunkt der historischen Route und passierst auf der „Mutter aller Straßen" zahlreiche Autokinos, Diner und Tankstellen aus den guten alten Tagen der einst so wichtigen Verbindung zum Pazifik. Es sind die kitschigen Reklametafeln aus den 50er Jahren, die vielen Kuriositäten am Straßenrand wie die größte Ketchup-Flasche der Welt, aber auch die tollen Museen zur Route 66 mit ihren unzähligen Erinnerungsstücken, die diese Fahrt einzigartig machen. Und Achtung, ein ganz besonderer Genuss: In manchen Bundesstaaten herrscht keine Helmpflicht. Und weils gefällt, machst Du so eine Tour jedes Jahr, denn Du willst Dein passives Einkommen sinnvoll ausgeben.

Oder wie wäre es, mit dem schönsten Lanz Bulldog 9506 und angekoppeltem, extra für Dich gebauten Zirkuswagen – komplett aus Holz, Nostalgie pur, gepaart mit modernstem Komfort – durch Europa zu reisen? Du machst Rast an den schönsten Orten, besuchst Deine Vertriebspartner, verbindest Arbeit und Leben ganz nach Deinem Geschmack. Die Familie inklusive Hund ist natürlich immer dabei.

Was ist aus Deinen Träumen in Kindertagen geworden? Wolltest Du viele Tiere um Dich herum haben, oder sogar Tiere retten und ihnen eine würdevolle Heimat geben? Verfolgst Du das Geschehen in den Stiftungen des bekannten Gutes Aiderbichl? Reitest Du gern? Dann könnte Deine Berufung ein eigener Gnadenhof sein.

Möchtest Du mit Deinem Partner mehr Zeit verbringen und mit ihm oder ihr gemeinsam arbeiten? Du willst Eure Kinder aufwachsen sehen und von Zuhause aus arbeiten? Denke einmal darüber nach, wie Dein perfekter Tag aussehen könnte. Du möchtest mit Deiner Familie frühstücken und gemeinsam in den Tag starten? Kein Problem! Deine Wirkungsstätte ist ganz in der Nähe – Du hast Dein Büro immer dabei, wo Du gehst und stehst. Das erspart Dir Fahrzeit, Gedränge auf dem Bahnhof, Lärm aus den unzähligen Kopf- und Knopfhörern. Wenn das Wetter gut ist, verlegt Ihr stattdessen einfach Euer Büro nach draußen. Ihr teilt Euch den Tag selber ein. Ein Traum? Er kann Realität werden.

Du möchtest so arbeiten, wie andere Urlaub machen? Immer am selben Ort zu wohnen, ist Dir zuwider? Du brauchst Abwechslung. Du willst nicht sesshaft werden, willst frei sein und umherziehen. Du bist eher ein verkannter, aber überzeugter Vertreter der Gattung „moderner Nomade"? Dann wäre für Dich Arbeiten im Wohnmobil ein denkbares Lebensmodell. Du bist jung und unternehmungslustig? Du bist lustig und kreativ? Du lässt keine Party aus? Du liebst das Reisen, fühlst Dich an den Stränden von Dubai bis Nordsee am wohlsten, Du bist kommunikativ, Du verabscheust Bürogebäude von innen? So what? Das Internet ist überall Zuhause. Dann arbeite doch da, wo Du Dich am wohlsten fühlst.

Dein Traum ist es, große Teams zu leiten, Menschen zu motivieren und zu inspirieren, ihnen Wege aufzuzeigen, wie sie ihre Karriere gestalten, wie sie wachsen? Dann tu es. Werde zum Menschenspezialisten und baue Dir (D)ein schlagkräftiges Team auf. Werde zum Unternehmer. Bau Dir ein starkes Unternehmen mit Millionen-Umsätzen auf. Ohne Risiko! Werde Network-Marketing-Professional!

Ja, Du hattest Träume. Und dann kam das Leben dazwischen. Arbeit – große Liebe – Arbeit – Heirat – Arbeit – Nest bauen – Arbeit – Kind(er) – Arbeit usw. Das kann nicht alles sein. Das Leben ist definitiv zu kurz für den falschen Job. Was ist aus Deinen Träumen geworden? Lass sie nicht verkümmern. Du schuldest ihnen ein Happy End.

Du passt zu uns, wenn Du Tiere liebst und Menschen magst, egal, ob Du zur Generation DOS und Floppy Disc gehörst, oder ob Du IT-Koryphäe bist, egal, ob Du zur Generation Babyboomer gehörst oder zur Generation Golf oder Youtube. Es kommt darauf an, was Du in Deinem neuen Job erreichen möchtest und welche Willensstärke Du entwickelst.

Ja, Du passt zu uns, wenn Du als Gen Y vieles anders machen willst, wenn Du für Ziele arbeiten willst, an die Du glaubst, wenn Dir Selbstverwirklichung wichtig ist, wenn Du gut vernetzt bist, wenn Du mit Leuten auf der gleichen Wellenlänge zusammenarbeiten willst.

Ja, Du passt zu uns, wenn Du zur Generation X gehörst, die hohe Freiheitsgrade in der Arbeitsgestaltung liebt und denen der Sinn der Arbeit wichtig ist.

Du passt zu uns, wenn Dir eine gerechte Bezahlung wichtig ist. Bei uns gibt es keine Unterschiede zwischen den Geschlechtern. Gleicher Lohn für gleiche Arbeit ist in unserer Branche selbstverständlich. Wir haben keinen Grund, einen jährlichen Equal Pay Day auszurechnen. Es gibt ihn nicht, diesen symbolischen Tag der Lohnlücke, bis zu dem Frauen im Vergleich zu ihren männlichen Kollegen kostenlos arbeiten. Hast Du einen Job in der Touristikbranche und weißt nicht, was Du nach Saisonende machen sollst? Wir bieten Dir eine Möglichkeit, Geld zu verdienen, das weitergezahlt wird, auch wenn Du schon wieder mit Touristen beschäftigt bist.

Du passt zu uns, wenn Du der Face-to-Face-Type oder wenn Du der Online-Mensch bist. Nimm Dein Leben selbst in die Hand, verändere Dich, nimm Tipps von Profis an und programmiere Dich auf Erfolg. Es lohnt sich!

Solltest Du Dich jetzt entschlossen haben, den Weg Deines Lebens in eine andere Richtung einzuschlagen, so gratulieren wir Dir. Du machst alles richtig, Du begibst Dich auf eine unendlich spannende Reise in Richtung selbstbestimmtes Leben, Zufriedenheit und Erfolg. Alles, was Du dafür brauchst, steckt in Dir.

Epilog

Wir haben dieses Buch für alle Menschen geschrieben, die ein Nebeneinkommen aufbauen möchten, die finanzielle Unabhängigkeit anstreben oder die dem klassischen Hamsterrad entfliehen wollen. An allererster Stelle jedoch sind wir dem vielfachen Wunsch unserer Vertriebspartner/innen nachgekommen, nach so vielen Jahren in unserer wundervollen Branche ein Buch zu schreiben. Es ist für Euch und für alle Kollegen/innen, die bereits im Network-Marketing arbeiten. Wir freuen uns sehr, wenn wir Eure Arbeit mit diesem Buch unterstützen können. Es soll Mut machen, das Leben auf die eigenen Füße zu stellen und vielen Menschen zeigen, dass es Alternativen zum klassischen Lebensentwurf gibt.

Wir haben es geschrieben für unsere Bekannten, Freunde und Wegbegleiter, die sich fragen, was wir eigentlich machen und womit wir unser Geld verdienen. Dieses Buch soll das Geheimnis lüften, warum Oliver ein „eigenes" Café bekommt und wie das überhaupt möglich ist.

Wir haben dieses Buch vor allem aber für Dich, liebe Leserin und lieber Leser, geschrieben. Es soll Dir als Impulsgeber dienen und Dir zeigen, wie auch Du es schaffen kannst, Dein Leben nach Deinen Vorstellungen und Überzeugungen zu leben und damit erfolgreich zu sein – egal, wie Deine Lebensumstände sind. Es soll Dir offenlegen, wie man mit Menschlichkeit, Herz und Verstand zu Wohlstand kommen kann und sich dabei selbst treu bleibt. Vielleicht eröffnet es Dir auch neue Horizonte, Sichtweisen, die Dir bisher fremd waren oder die Du nicht artikulieren wolltest, weil Du das Unverständnis Deiner Umwelt gefürchtet hast. Was sagen meine Freunde, mein Umfeld? Kennt nicht jeder einen „Verrückten", der in diesem Geschäftsfeld groß rauskommen wollte? Und kennt nicht jeder Unzählige, die mit Produktverkäufen auf Partys ein bisschen Geld dazu verdienen? Aber aus einem Nebenbei-Direktvertrieb ein großes Unternehmen zu machen, das ist schließlich schon eine andere Hausnummer. Warum wir der Meinung sind, dass wir zu diesen Themen Stellung beziehen können? Weil wir genau das geschafft haben, wir haben einfach das getan, was wir für richtig gehalten haben. Viele haben wir kommen und etliche gehen sehen, Menschen mit Ideen und Potenzial, einige sehr gut vernetzt, aber sie sind am Start einfach nicht losgelaufen. Was auch immer der Grund war, mangelnde Entscheidungsfreude, fehlender Tatendrang, Angst vor Neuem, egal; das ist normal in unserer Branche. Wir haben uns nicht verbiegen lassen, auch wenn es manchmal unbequem war. Wir haben das Leben angenommen, uns den Umständen angepasst und uns durch schwierige Situationen manövriert, um an ein Ziel zu gelangen, was wir vorher noch gar nicht kannten. Aber es war genau richtig so, wie sich herausgestellt hat.

Wir wünschen Dir alles erdenklich Gute und würden uns riesig freuen, in Zukunft auch Deine Erfolgsgeschichte mitverfolgen zu dürfen – vielleicht sogar im Einklang mit Boden, Pflanze, Tier und Mensch.

Von Herzen alles Liebe,

Oliver, Erika und Wilfried